국경이
사라진 전쟁

진화하는 테러리즘

국경이 사라진 전쟁

진화하는 테러리즘

초판 인쇄 2020년 7월 21일
초판 발행 2020년 7월 23일

지 은 이 이만종
펴 낸 이 김재광
펴 낸 곳 솔과학
등 록 제10-140호 1997년 2월 22일
주 소 서울특별시 마포구 독막로 295번지 302호(염리동 삼부골든타워)
전 화 02-714-8655
팩 스 02-711-4656
E-mail solkwahak@hanmail.net

I S B N 979-11-87124-69-6 (93390)

값 29,000원

국경이 사라진 전쟁

TERRO-RISM

진화하는 테러리즘

이만종

솔과학

서문

새로운 책을 발간하게 되어 정말 기쁩니다. 이 책은 부분적으로 그동안 다수의 매체에 저자의 생각을 전한 내용을 종합하는데서 출발하였습니다.

테러리즘에 대한 이해와 시각, 안보문제, 민주주의, 전쟁과 평화 그리고 난민과 인권과 같은 다분야 적 주제를 가장 쉽게 이해 할 수 있는 방법으로 다루어 보려 노력하였습니다.

1년 전에 발간한 또 다른 책의제목은 '전쟁의 다른 얼굴'이었습니다. 부족한 책이었지만, 너무 많은 분들께서 보내주신 관심과 성원이 다시한번 이번 책의 발간을 서두르게 하였습니다. 책의제목을 고민하던 중 때마침 불어 닥친 '코로나19 팬데믹' 현상은 책의제목을 결정하게 하는데 영향을 주었습니다.

이제 세계가 '옛날 같지 않은 적군'을 맞이했다는 현실을 말하고 싶었습니다. 우리가 아는 세상에서, 지금까지 전쟁은 아주 값비싼 선택이었습니다. 모든 전쟁에는 돈이 아주 많이 들어가기 때문입니다. 대규모 정규군을 보유하고, 강하게 훈련시키며, 첨단의 화력을 보유하기 위해서는 엄청난 재정적 지지가 필요합니다. 더구나 인권과 인간 생명의 가치가 점차 높아짐에 따라, 인명을 담보로 하는 전쟁은 국가마저도 웬만해서는 감당하길 부담스러워 하는 현상이 되었습니다.

하지만 전쟁은 비록 파괴적이어도 어느 정도는 상호예측이 가능했습니다. 전쟁이 일어날듯하지만 일어나지 않는 것은 상대도 전쟁을 원하지 않는다는 것을 서로가 잘 알기 때문입니다. 그래서 전쟁과 안보는 국가라는 무게감 있고 책임 있는 행위자만이 참여하는 정치외교 적 힘겨루기로, 최소한 형식적으로는 동등한 무게를 지닌 국가들끼리의 '대칭적' 게임이었습니다.

하지만 최근 이러한 전쟁의 원칙과 기준은 달라지고 있습니다. 특히 전쟁을 수행하는 경제적 비용이 갈수록 떨어지고 있습니다. 물론 북한처럼 경제적 상황이 어려움에도 핵무기개발에 집중하는 경우도 있지만, 대체로 지금까지의 무기가 국가 단위로 운영하는 첨단화하고, 중량 무기였던 반면, 최근에는 '빈자의 무기'라 불리는 자동소총이나 지뢰 등 경량 무기와 폭발물적재 차량돌진, 바이러스와 화학약품 위주로 전쟁수행물자와 자원이 재편되고 있습니다.

그래서 앞으로 우리가 직면하게 될 현실적인 안보위기는 전면전이나 북한 핵보다는 오히려 크고 작은, 예를 들어 생화학과 같은 독소무기와 생활주변의 소프트 타켓을 겨냥한 테러에 의한 공격방식이 사용될 것이라 생각됩니다. 결국 전쟁은 더 이상 고비용 대량파괴라는 값비싼 선택이 아니고, 선전포고 없는 테러리즘이라는 형태로 뚜렷한 국경침범 없이도 언제든지 국민의 생명, 우리의 일상과 평화 등 국가의 안보에 심각한 위협을 줄 것입니다.

따라서 이러한 경우 어떻게 대응해야하는가 하는 문제는 포스트 코로나 시대 우리에게 던져지고 있는 새로운 안보적 딜레마라고도 할 수 있습니다. 모두가 알고 있듯 테러를 치명적 안보 위협으로 세계에 각인시킨 사건은 2001년 9·11테러였습니다. 그러나 2015년 파리 테러는 9·11과는 또 다르다고 분석가들은 지적합니다. 이는 9·11은 고도로 상징적인 '제국의 심장부'를 노려 타격했고, 서구 유학파 엘리트에게 비행조종술까지 가르쳐가며 기획한 결과물이었지만, 2015년 파리 테러는 AK47을 든 빈민가 출신 테러범이, 별다르게 큰 상징성도 없는 극장가에서 총을 난사했습니다. 이것은 바로 상징성보다 철저하게 대량살상에 초점을 맞춘, 이른바 '소프트 타깃' 테러였던 것입니다.

따라서 전쟁 값이 싸질수록 평화는 비싸지며, 값싼 전쟁은 너무나 저렴하기 때문에 국가 실패 지역에만 머물러 있지 않고 어느 국가이던지 흘러넘칠 수 있고, 굳이 고도로 훈련된 테러전문가가 아니더라도 누구든지 자행할 수 있다는 전문가들의 견해는 '우리나라만 안전한 세계'라는 자만이 더 이상 가능하지 않다는 것을 의미 할 수 있습니다.

그러나 눈만 뜨면 파리와 런던, 방글라데시, 바그다드 등 전 세계 이곳저곳에서 발생하는 연쇄적 테러 뉴스와 위험에도 불구하고, 또 그러려니 하고 어느덧 우리는 무감각해지고 있음은 안타깝습니다. 이제 우리의 평화와 일상을 지키기 위해 어떤 도발과 테러가 가능할지 다양한 시나리오를 사전에 만들고 대비해야 할때입니다. 그러기 위해서는 21세기를 살아가는 우리가 테러를 어떻게 이해해야 하는 가하는 문제에 대해서 더큰 관심을 가져야합니다.

물론 테러리즘의 내용과 의미, 범위와 효과에 대해서는 아직도 논란이 존재 합니다. 테러의 정의에 대해서도 서로 다른 종교와 문명 간에 찬반입장이 극명하게 엇갈리기도 합니다.

그러나 분쟁과 갈등해결을 위한 궁극적인 핵심은 문명 간의 대결이 아닌

'하랄트 뮐러'의 '문명의 공존'을 강조하고 싶습니다. 이는 인간의 보편적 존엄성과 평화를 통한 인류 문화의 발전이라는 토대 위에서만 서로 다른 문명권 간에도 대화의 통로가 열릴 수 있고, 이를 통해 다양한 문화적 교류와 평화적 관계의 수립이 가능하기 때문입니다.

이런 의미에서 이 책의 내용은 테러리즘을 이해하는데, 작은 유익함으로 활용되리라 생각합니다. 이 책의 구성은 테러리즘과 관련된 총6부 71개의 이슈들로 편성하였습니다. 이 책을 통해 지구촌에서 벌어지고 있는 테러리즘에 대한 논쟁들이 단지 이해관계에 관한 것이 아닌 가치와 이념들의 충돌을 포함하고 있음을 알리고자 하였습니다.

이 책을 발간하기 위하여 많은 분들께 도움을 받았습니다. 우선 테러리즘의 의미에 대한 탐구를 계속할 수 있도록 도와준 가족들과 이 책에 나오는 많은 생각들을 토론하며 음미 할 수 있는 훌륭한 장소가 되어준 저자가 재직하고 있는 호원대학교와 총장님께 감사의 말을 전합니다.

각 주제에 대해 테러리즘에 대한 여러 측면의 시각을 조금 더 객관적으로 이해하고, 극단적인 대립과 증오가 불러일으키는 테러의 실상과 폭력의 참담한 결과를 다시 한 번 되새기면서 나와 다른 생각 다른 가치를 서로 존중하면서 공존하고 평화롭게 살 수 있는 지혜를 재삼 고대합니다.

2020년 7월

지은이 이 만종

제3부
테러 저지 할 수 있을까

제4부
테러, 우리에게도 일어날 수 있다

TER

ROR

제1부

테러 어떻게 이해해야 하나

테러리즘, 어떻게 이해 해야 하는가?

인류 안전·생존 위협하는 '국제사회의 적'

비정규전 형태 '예측 불가'한 공격
전 세계 심각한 안보 문제로 대두
테러·국가안보 이해가 가장 큰 예방책

눈만 뜨면 테러 발생, 세계는 초비상

세계 곳곳에서 분쟁과 테러가 끊이지 않고 있다. 2017년 한해는 최근 들어 가장 많은 테러가 발생했다. 스웨덴 수도 스톡홀름 시내의 최대 번화가에서는 도난된 맥주 운반트럭을 이용한 트럭 돌진 테러가 일어나 4명의 목

2017년 러시아 상트페테르부르크 지하철에서 발생한 폭탄테러 사건 현장의 처참한 모습.

숨을 앗아갔다. 이는 같은 해 영국의 심장부로 여겨지는 런던의 국회의사당 인근 웨스트민스터 다리에서 이슬람으로 개종한 영국 남성이 승용차를 끌고 인도로 돌진하고 칼을 휘둘러 6명범인 포함이 사망한 지 불과 약 보름 만에 일어난 것이다.

더구나 스웨덴에서 발생한 테러는 러시아 상트페테르부르크 지하철 테러의 참상이 채 가시기도 전에 일어난 데다 상대적으로 테러로부터 안전한 것으로 여겨지던 북유럽 스웨덴의 도심 한가운데에서 대낮에 발생한 것이라 충격을 더했다. '상트페테르부르크'와 '런던', 그리고 '스톡홀름' 등 눈만 뜨면 발생하는 연쇄적 테러 소식에 최근 유럽은 테러 불안감이 고조되고 초비상 상황에 이르는 지역이 되었다. 이제 테러가 키워드가 된 세상이다. 그럼 우리는 테러를 어떻게 이해해야 할까?

테러리즘의 3가지 측면 바로보기...
테러와 평화, 지역·공간적 분리가 애매

오늘날 발생하는 테러현상에 대해 전문가들Hacker, 윤민우 등은 몇 가지 특징을 들고 있다. 첫째는 시간적 측면에서 전쟁과 평화가 시간적으로 분리되지 않는다는 것이다. 즉 어느 시기까지가 전쟁이며, 또 어느 시기가 평화의 시기라 할 수 있느냐의 문제다. 전쟁과 평화의 시기는 구분할 수 있는 게 전통적 상식이다. 즉 '전쟁은 평화가 끝나는 시점'에 시작하고, '평화는 전쟁이 끝나는 시점'에 진행되는 게 일반적 상식이기 때문이다.

그러나 오늘날 발생하는 테러공격은 평화와 동시간적 상황에서 진행된다는 특징을 가지고 있다. 즉 우리가 살아가는 평화로운 일상생활 속에서 아무런 예고 없이 테러가 발생하기도 하고, 끔찍한 테러가 발생하는 중에 언제 그랬느냐는 식으로 무감각해지며 정상적인 일상이 동시간적 상황에서 발생할 수 있다는 것이다.

다음은 지역과 공간적 측면이다. 즉 '테러와 평화는 지역과 공간적으로 분리하기가 애매하다는 점이다. 즉, 지리적으로 어디까지를 전쟁으로 인한 불안지역이라 하고, 어느 지역을 비전쟁 평화지역이라고 명확하게 구분할 수 있는가의 문제다.

예컨대 2001년 발생한 9·11테러는 미국의 심장부 '뉴욕'을 하루아침에 전

테러단체 이라크-레반트 이슬람국가(ISIS)의 조직원.

장으로 탈바꿈시켰다. 북한에 의한 사이버테러 역시 예측할 수 없는 곳을 공격하고 있어 어디가 전쟁터인지 구분할 수 없다.

더구나 2019년에 발생한 '코로나16'에 의한 바이러스 감염 팬데믹 현상은 일순간에 지구촌을 공포에 휩싸이게 했다. 전쟁보다 더한 희생자를 초래한 대환란이다.

국경선이 사라진 전쟁, 전통적인 안보 개념도 변화

그래서 오늘날의 테러는 우리가 생각하고 있는 전통적인 안보 개념을 바꾸고 있다. 왜냐하면 지금까지의 국가 방어는 국경, 즉 군사분계선과 같은 지리적 경계선에 기초하며 외부의 적이 명백하게 이 국경을 넘어 침입하는 시점에서 국가의 대응전략이 시작되는 것으로 생각했기 때문이다.

이제 정규전과 같은 뚜렷한 국경 침범이 없어도 테러와 같은 비정규전 형태의 공격이 국가 안보에 심각한 위협을 주고 있기 때문에 이에 대한 대비가 새로운 안보문제가 되고 있다. 특히 한국은 북한과의 정규전, 북한의 도발·테러뿐 아니라 국제사회가 안고 있는 테러 위협에서도 자유로울 수 없어 이중삼중의 안보 위협에 직면해 있다.

마지막으로 구분할 수 있는 특징은 규모적 측면이다. 이는 우리가 전쟁과 테러, 그리고 테러와 범죄를 구분하는 기준이기도 하다. 일반적으로 테러리즘이 야기하는 공포와 폭력은 전쟁이라 부르기에는 그 규모가 너무 작고, 그렇다고 단순히 범죄라고 정의하기에는 그 폭력의 수위가 너무 높다.

최근 테러리즘, 게릴라 전쟁 방불

그러나 규모적 측면에서는 최근 발생하고 있는 일부 테러리즘은 게릴라 전쟁을 방불케 할 정도로 크다. 예를 들어 체첸 무장단체들이 러시아 정규군을 상대로 치르는 전투나, 아프가니스탄 탈레반 반군들이 다국적군을 상대로 수행하는 군사작전 같은 행위들이 여기에 해당한다.

심지어 미국이 테러단체로 규정한 레바논 시아파 무장단체인 헤즈볼라는 최근 러시아와 함께 시리아 정부 편에 서서 내전에 참여하고 있다. 바샤르 알아사드 시리아 대통령 정부를 지원하면서 시리아 반군과 전투를 벌이는 것은 물론, 시아파 대원들을 훈련시키는 등 여러 방면에서 존재감을 드러내고 있다. 헤즈볼라의 군사력과 테러 도발 능력을 와해하는 것이 미국의 중동정책 우선순위이기도 하다.

이라크-레반트 이슬람국가ISIS의 자금력과 조직 동원력, 군사력 역시 이전의 다른 무장단체나 테러조직들과 비교하기 어려울 정도로 위협적이다. 이들은 2014년 6월 이라크 모술과 인근 유전지역을 점령하면서 유전과 댐 등 기반시설까지 확보한 데다 수니파 부호들의 막대한 자금 지원으로 역사상 최고 부자 테러단체라는 평가를 받았다. 또한, 과거 알카에다 등 다른 테러단체와 달리 영토를 갖고 있다는 것도 특징이다.

결국 오늘날 국가 방위의 문제는 단순히 적이 우리 국경 내로 침입해 오는 것으로 한정해선 안 되며, 테러나 국가안보와 관련된 이해를 높이는 것이 무엇보다 중요하다.

따라서 오늘날 벌어지고 있는 이슬람 극단주의 테러가 단순히 그 지역의 문제로 끝나는 것이 아니라 글로벌 사회의 안전과 번영에 큰 위협이 되고 있으며, 그 결과는 우리 미래의 국가안보나 국제사회에서 국민의 생존과 번영 문제와도 연결될 수 있음을 간과하지 말아야 할 것이다.

테러리즘에 대한 정의定意가 통일되지 못하는 이유?

이중적 잣대 적용되는 '테러리즘'에 대한
통일된 국제적 정의 필요

미국 국가 안전 보장국NSANational Security Agency의 일급비밀을 특종으로 보도했던 유명한 미국 탐사 저널리스트 '글렌 그린월드'는 영국의 이슬람 극단주의자들이 군인을 흉기로 살해한 사건과 관련해 범인들의 행위는 어떤 명분으로도 정당화 될 수 없지만, 그것을 '테러'라고 규정하려면 먼저 '테러리즘' 혹은 '테러리스트'에 대한 일관되고 명백한 개념 규정이 있는지부터 먼저 살펴야 한다고 역설해 논란이 된 바 있다.

그의 주장의 초점은 그들을 테러리스트로 본다면 서방국가들이 '테러와의 전쟁'이란 이름으로 이라크와 아프가니스탄을 비롯해 중동에서 자행하

이미지=iclickart

고 있는 전쟁 행위 역시 테러리즘과 뭐가 다른가 하는 것이었다. 즉, 테러단체들의 무자비한 살해행위도 분명한 테러이지만, 반면에 미군 등이 이라크 등 중동에서 전투중 민간인을 살해한 경우 역시 테러라는 주장이다.

이는 9·11 이후 유엔 안보리 결의 1373호가 테러 행위의 기준을 "민간인을 상대로 하여 사망 혹은 중상을 입히거나 인질로 잡는 등의 위해를 가하여 대중 혹은 어떤 집단이나 사람에게 공포를 야기함으로써 특정 행위를 강요하거나 혹은 하지 못하도록 막고자 하는 의도를 가진 범죄행위"라고 규정했기 때문이다.

그래서 그는 테러리즘의 정의定義가 중동과 서방의 서로 다른 입장에서 적용되는 것을 비판했다. 미군이나 영국군이 무고한 민간인을 죽이면 그것은 '부수적인 피해'일 뿐이고, 무슬림이 하면 명백하게 군인을 목표로 했다고 하더라도 테러행위가 된다는 기준은 서방의 오만한 잣대라는 것이다. 비록 서방의 시각에선 테러단체에 대한 대응적 '군사공격'일지 모르지만, 무고한 중동의 민간인 피해자들 입장에서는 재앙이기 때문이다.

이처럼 테러리즘은 전통적인 안보분석의 틀로는 설명할 수 없는 새로운 주제이지만, 아직까지 '테러리즘이란 무엇인가'에 대한 본질과 개념정의에 대한 뚜렷하고 보편적인 규정은 명확하지 않다. 동기, 대상, 범위, 주체, 이념 등의 포함여부 그리고 학자와 전문가들의 시각에 따라 달리 정의되고 있을 뿐이다. 즉 동일한 사건을 관점에 따라 테러리즘으로 규정하기도 하고, 어떤 경우에는 단순한 일반범죄로 취급하기도 하며, 다른 시각에서는 애국적인 행위로 평가하기도 한다.

바로 이것이 테러리즘에서의 중요한 관점 또는 인식의 비대칭성이며 극단적인 양면성이다. 한쪽에서는 악의 화신이지만 다른 한쪽에서는 영웅적 행동이 되는 것이다. 관련된 정의는 무려 100가지가 넘는다. 미래에도 국가와 민족 간 서로 다른 입장 차이로 정의개념이 통일되기에는 더 많은 노력이 필요한 어려운 난제이다.

더구나 극단주의 무장조직 ISIS의 출현 이후 테러리즘의 범주는 급속히 변화하고 있다. 기존 테러의 정의가 '정치적 주장을 관철하기 위한 폭력 행위'에 머물렀다면, 최근에는 정치적 신념과 무관한 대량 살상 행위도 테러로 쉽게 규정되는 양상이다. 연이어 발생하는 유럽의 테러도 명확한 범행 동기가 드러나지 않지만, 테러로 규정하고 있어 이런 사건들을 테러로 규정하는 것이 옳은지에 대한 의문이 제기되기도 한다. 사실상 '묻지마'살육 행위가 성급하게 테러로 둔갑하면서 테러리즘의 정의가 크게 흔들리고 있는 것이다.

미국 브루킹스연구소는 테러리즘의 느슨한 정의가 일으킬 부작용으로 정신적으로 불안정하거나 사회적으로 궁지에 몰린 이들에게 '테러'라는 명분으로 범죄를 저지를 여지를 줄 수 있다고 경고하기도 했다. 많은 이들이 ISIS의 이름을 이용해 살인을 저지르고, 사회부적응자들이 종교와 무관한 범행을 일으키면서도 명분을 찾을 수 있어 위험하다고 지적했다.

결국 여러 견해를 종합해 보면 '테러리즘'은 일관성 있고 보편적으로 적용되는 개념이라기보다는 "주권국가 혹은 특정 단체가 정치, 사회, 종교, 민족주의적인 목표달성을 위해 조직적·지속적으로 폭력의 사용 또는 협박으로 광범위한 공포분위기를 조성함으로써 특정 개인, 단체, 공동체 사회, 정부의 인식변화와 정책변화를 유도하는 상징적·심리적 폭력행위의 총칭"으로서 '폭력을 사용한 공포심 유발'과 '정치적 목적'이 테러리즘을 규정하는 중요한 잣대라는 게 개인적 소견이다.

그러나 분명한 것은 '테러와의 전쟁'이란 말 한마디가 강대국의 모든 군사적 개입을 정당화시키는 '전쟁면허'도 아니지만, 이슬람 극단주의의 테러 역시 저항이란 이름으로 '살인면허'가 될 수 없는 것이다. 무자비한 무력의 사용으로 '충격'과 '공포'를 유발해 군사적·정치적 목적을 달성하려 한다면, 더구나 민간인 다수의 피해를 수반한 것이라면 그것은 평화를 위한 정의正義가 아니라 한낱 폭력에 불과하기 때문이다. 테러리즘에 대한 이런 이중적 문제의식은 전쟁과 응징이라는 명분하에 자행하는 학살과 또 다른 형태의 테러리즘을 정당화할 뿐이다.

이슬람 세계의 폭력을 테러리즘으로 규정하면서 유지할 수 있었던 서방의 도덕적 정당성, 혹은 도덕적 우월주의가 흔들리지 않기 위해서도 테러리즘에 대한 통일된 국제적 정의定義는 합의되어야 한다.

테러 어원의 탄생 배경과 유래

프랑스 혁명 과정엔 '테러'가 있었다?

테러의 어원인 프랑스어 'terreur'의 뜻은 '거대한 공포'
프랑스 혁명 시기 성직자·귀족 수천 명 숙청된 공포정치 뜻해
오늘날 '개인적 암살·사적 단체에 의한 파괴' 개념으로 확대

미국 워싱턴 6·25전쟁 기념비에 새겨진 문구.

1789년 6월, 프랑스 베르사유 궁의 테니스 코트에서는 "우리는 헌법이 제정되기 전에는 총칼의 위험에도 결코 해산하지 않을 것이다"라는 외침이 터져 나왔다. 이런 외침과 환호성의 주인공들은 당시 제3신분이었던 '국민'이었다. 이날 이들은 국민의 대표 기관을 자처하며 '국민 의회'를 스스로 선언했다.

그 당시 프랑스 사회는 세 개의 신분층으로 이뤄져 있었다. 제1신분은 성직자, 제2신분은 귀족으로 토지·관직의 독점과 면세 혜택이 있었다. 이에 비해 시민·농민·수공업자·소상인 등 프랑스 국민 대부분을 차지하는 제3신분은 무거운 과세의 대상으로 국가 재정 대부분을 부담했음에도 참정권이 없었고 지위도 보장되지 않았다. 이러한 신분제도의 모순이 프랑스 혁명의 도화선 역할을 했다.

자유와 평등의 상징, 프랑스 혁명

특히 '왕이 곧 국가'라고 생각하는 루이 16세의 절대왕정 아래에서는 소수의 귀족·성직자만이 별도의 특권을 보유했고, 평민층의 근로와 납세에 기생하면서 생활했다. 이런 모습을 오랫동안 지켜보던 국민들이 분노해 혁명이 시작됐다.

당시 파리 시민들은 밤사이 무기고를 습격하고 무장을 갖춰 국왕과 귀족층을 상대로 대항했으며, 결국 구舊체제의 상징이었던 바스티유 감옥을 총격전 끝에 점령했다. 이때 시민군이 파리로 입성하면서 부르던 행진곡 '라마르세예즈La Marseillaise'는 혁명 이후 프랑스의 국가로 채택돼 현재에 이르고 있다.

또 당시 혁명세력이 선언했던 "인간은 태어나면서부터 자유와 평등의 권리를 가진다"는 '인권선언'은 오늘날 국제인권법의 토대로서 국제조약과 국제선언의 기준이 되고 있으며, 그 이념과 내용은 지금까지도 수많은 국가의 헌법과 법률에 반영돼 있다. 프랑스 혁명은 사상적 측면보다는 오히려 자유와 평등 그리고 인권보장의 정신을 세계 전역에 퍼뜨리는 데 큰 기여를 했다고 볼 수 있다.

그러나 혁명 과정에서 혁명 지도자였던 '로베스피에르'는 혁명을 지킨다는 명분으로 '적敵'으로 간주한 성직자와 귀족들을 너무나도 과격하고 무자비하게 숙청했다.

혁명 이후 프랑스 왕 '루이 16세'는 분노한 시민들에 의해 파리 한복판에서 '단두대'라고 불리는 사형장치 '기요틴guillotine'에 의해 처형됐으며, 혁명재판을 통해 수천 명이 희생되는 등 1년 만에 3만5000여 명이 단두대의 이슬이 되었다. 이 시기를 '공포정치 시기'라고 부른다.

로베스피에르의 공포정치를 상징하는 단두대 참수형.

거대한 공포, 테러

단두대는 높은 틀의 꼭대기에 경사진 삼각 날을 매달았다가 떨어뜨려 사람의 목을 베는 장치다. 단두대를 사용한 참수형은 사람들을 공포의 도가니 속으로 끌어넣으면서 피비린내 나는 혁명적 극단주의의 상징이 됐다. 테러terror라는 용어도 바로 이 시기에 등장하게 된다.

프랑스어 'terreur'가 어원이며, 이 단어는 명사terror로 '거대한 공포, 떠는 상태'및 동사terrere로 '겁주다'에 기원을 두고 있다. 즉 '테러'라는 단어는 공포정치와 동의어로 사용됐다.

다른 한편으로 테러의 기원을 역사적 배경 속에서 살펴보면 성경 창세기에 나오는 아벨을 죽인 카인을 최초의 테러리스트로 말하기도 하고, 로마 시대 '줄리어스 시저'암살사건을 가장 오래된 테러사건으로 보는 견해도 있다. 학자들은 테러를 정의하려면 테러의 정치적 성격, 대상, 공포의 조성 등 세 가지 주요 특징을 포함해야 한다고 한다.

따라서 프랑스 혁명기 테러는 강력한 권력행사 혹은 대규모 반反혁명세력에 대한 탄압 등을 일컫는 말로 제한해 사용됐지만, 오늘날은 단순히 개인적인 암살이나 사적 단체에 의한 파괴 등의 개념으로 확대돼 '공포를 조성하는 주의 또는 정책'을 지칭하는 포괄적 개념으로 사용되고 있다. 그래서 미국의 언어학자인 노암 촘스키는 테러를 '우리'또는 '우리의 동지'에게 행해지는 적들의 난폭한 행동으로 요약하기도 했다.

이처럼 역사적 관점에서 보면 테러는 혁명·반혁명의 과정에서 발생하는 정치현상과 관련해 발전된 개념임을 알 수 있다. 즉 어떻게 보면 테러는 정치적 현상이다. 그러나 정치적 현상만으로 파악하려 한다면 테러의 정의에 대해 명확히 설명하기 어려워진다. 테러는 정치적 목적을 위한 폭력의 사용뿐만 아니라 거리의 무고한 행인을 겨냥하기도 하기 때문이다.

폭력으로 퇴색된 자유와 평등의 이상

돌이켜 보면 프랑스혁명을 주도한 '로베스피에르'는 반대파를 숙청하기 위해 너무 많은 사람을 단두대에서 처형했는데, 어쩌면 '폭력만이 혁명에 필요하다'고 믿는 어리석은 사람이었을지 모른다. 비록 혁명은 성공했을지 모르지만, 이로 인해 혁명의 명분이었던 자유와 평등의 이상은 퇴색된 것이다. 자유와 평등은 현대 자유민주주의 국가를 지지하는 두 개의 근본 가치이며, 어떤 경우든지 인간의 자유와 평등 추구는 피에 의한 방법으로 해결할 수 없다.

미국 워싱턴 6·25전쟁 기념비에 '자유는 거저 주어지는 것이 아니다 Freedom is not free'라는 글귀가 새겨져 있다. 이것은 '자유는 그것을 지키고자 하는 사람들의 고귀한 희생을 딛고 자란다'는 의미다. 오늘도 지구촌에는 인간의 존엄성이 파괴되고 인간다운 삶을 해치는 전쟁과 테러가 멈추지 않고 있다. 이제 지구촌에 자유와 평화의 시대가 오길 기대한다.

테러를 보는 올바른 시각

9·11 참극, 무고한 민간인 생명 앗아간 '테러 전형'

이슬람 과격주의자들의 민간인 학살은 '극악한 테러'
빈 라덴이 적대세력에 저항했다고 독립투사와 비교하는 건 어불성설
강압적 對테러전 방식으론 근절 어려워…상호 인정하는 자세 바람직

눈만 뜨면 지구촌 곳곳에서 테러가 일상화되고 있다. 그 원인은 무엇일까? 테러는 분명 정치적 역학관계 속에서 발생하지만, 그 원인을 단순히 정치적 현상으로만 파악하려 든다면 제대로 된 원인 분석이 될 수 없을 것이다. 테러의 원인에 대해서는 서로 다른 양자兩者의 대립적 입장이 맞서고 있다.

전 세계를 경악과 분노로 휩싸이게 한 '알카에다'의 9·11 테러 모습.

테러의 두 얼굴 '폭력과 저항'

서방에서는 이슬람문화와 무슬림 전통을 유럽 문명과 비교 시 열등하다는 전제하에 폭력적 테러의 근원을 이슬람으로 보고 있으나, 중동에서는 냉전 이후 반세기 동안 미국과 유럽 중심의 국제질서가 정착되면서 이슬람교의 종교적 가치 하락 및 자긍심 소외 등 부작용이 주요 원인이 되어 이를 급진 테러조직에서 테러 행위에 대한 명분으로 이용하고 있다는 입장이다.

또한, 일부 정치학자들은 이슬람 극단주의 세력의 미국에 대한 증오로 인해 9·11테러 사건이 발생하였으나, 이후 미국이 9·11을 '테러 확산을 방지한다'는 명분으로 삼아 중동국가에 무력 사용을 강화하면서 테러가 더욱 기승을 부리게 되었다고 주장하기도 한다.

테러를 보는 시각에는 두 가지가 있다. 바로 폭력과 저항이다. 그래서, 국가나 집단이 정치적 목적을 위해 무력이라는 수단을 동원할 경우 그것을 폭력적 범죄로 규정해야 하는지 딱 잘라 말하기가 쉽지 않다. 한쪽에서는 의로운 저항으로 보는 행위가 상대편에서는 테러가 되기도 하기 때문이다. 그렇다면, 테러를 보는 올바른 시각은 무엇일까? 이를 논하기 전에 먼저 앞에서 언급했던 테러에 대한 정의를 다시한번 살펴볼 필요가 있다. 2016년 제정된 '국민보호와 공공안전을 위한 테러방지법'에는 '테러'를 '국가·지방자치단체 또는 외국 정부의 권한행사를 방해하거나 의무 없는 일을 하게 할 목적 또는 공중을 협박할 목적으로 하는 살해, 협박, 폭력, 손괴 등 행위를

'오사마 빈 라덴'의 사살을 반기는 시위.

말한다'라고 정의되어 있지만, 아직 국제적으로 합의된 개념은 없다.

가장 폭넓게 받아들여지고 있는 것은 캐나다 정치학자인 '조너선 바커'의 정의다. 그는 '정치적 목적을 위해 민간인을 목표물로 삼아 폭력을 행사하겠다고 위협하거나 실제로 실행하는 행위'를 테러로 보았다.

그래서 '테러는 민간인을 목표물로 삼아 폭력을 행사한다'는 점에 포커스를 맞춰 생각해야 한다. 대표적으로 수천 명에 달하는 무고한 민간인의 목숨을 앗아간 9·11 참극은 전형적인 테러라 할 수 있다. 비록, 이슬람 과격주의자들은 이런 행위를 비非이슬람교도에 대한 신앙이나 원리를 위하여 투쟁을 벌이는 '성전聖戰: Jihad'이라고 지칭하고 테러리스트를 '순교자'로 미화하지만 이것은 분명히 극악한 테러 행위일 뿐이다.

사우디아라비아 출신의 국제 테러리스트이며, 9·11 테러를 주도한 알카에다의 지도자 '오사마 빈 라덴'이 2011년 5월 파키스탄의 수도인 이슬라마바드 외곽에 있는 은신처에서 미 해군 특수부대의 공격을 받고 사살되었다. 빈 라덴은 미국인들에게 망령 같은 존재이며 흉악한 테러리스트이지만, 그를 추종하는 무슬림 민족주의자나 알카에다에는 이슬람국가를 만들기 위해 투쟁하였던 상징적인 존재, 정신적 숭배자였다. 어떠한 이들은 자신들의 적대세력에 맞서 저항하였다는 점에서 '빈 라덴'을 우리나라의 항일 독립투사와 비교하기도 한다.

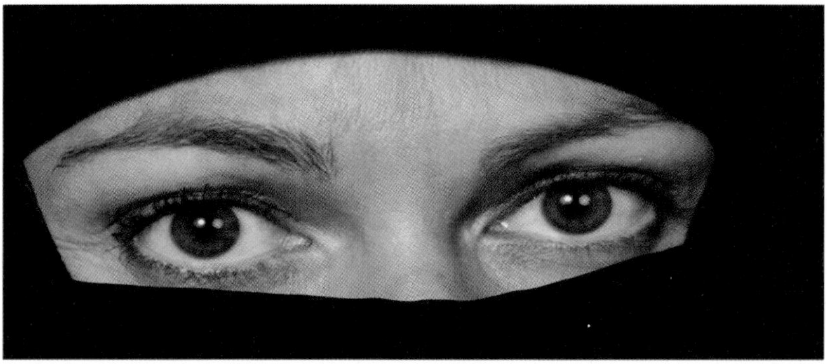

'니캅'을 착용한 이슬람 여성.

우리 독립단체는 무고한 민간인 처단 안 해

2015년에 인기를 끈 영화 '암살'은 1933년 친일파 암살 작전을 둘러싼 독립군과 임시 정부 대원, 그들을 쫓는 청부살인업자들의 이야기를 다룬 영화이다. 여기에 나오는 장면 중에서 간도 한인 학살의 주범과 악질 친일파를 암살하러 떠나는 독립군 황덕삼이 김원봉에게 "피치 못할 땐 민간인을 죽여도 됩니까?"라고 묻는 장면이 있다.

이에 김원봉은 "일본 민간인을 포함하여 모든 민간인은 죄가 없기 때문에 안 된다. 그냥 총알에도 눈이 있다고 생각하자"고 단호하게 말하는 장면이 있다. 이 장면은 김구의 한인애국단, 김원봉의 의열단 등을 테러리스트 집단으로 매도하는 일본의 왜곡적인 시각에 대해 일침을 가한다. 우리의 독립 운동가들은 무고한 민간인을 처단 대상으로 삼지 않았던 것은 물론, 모든 일본인이 공격의 대상이 아니라 한국 침략에 책임 있는 자들로 특정한 것이었다. 그것은 그들의 독립운동이 숭고한 인간 해방의 대의에 근거하고 있었기 때문이다. 이것이 앞서 '빈 라덴' 같은 테러리스트를 우리나라 항일 독립투사와 비교하는 것이 가당치 않은 이유이다.

이제 세계 각지에서 동시다발적으로 이뤄지는 테러 앞에 평범한 일상 속 시민들은 속수무책으로 노출되어 있다. 강대국에 맞선다는 명분으로 인륜 따위는 무시하고 테러에 나서는 자들은 어떤 경우든 역사가 낳은 '괴물'일 뿐이며, 최근 이슬람 극단주의자들에 의해 발생하는 연쇄적 테러 행위는 인류에 대한 선전포고이다. 그래서 세계는 폭력적 극단주의 테러조직에 공분하고 이들에 대한 적극적인 대응을 모색하고 있는 것이다. 다만, 테러라는 악의 고리를 끊기 위해 대테러전戰 같은 강압적인 방법만이 능사는 아닐 것이다. '부르키니'를 착용한 무슬림 여성들이 해변에서 쫓겨나는 사태가 반복되고, 상처받은 이민자들의 응어리가 풀리지 않는 한 테러의 악순환은 끊이지 않고 발생할 가능성이 크기 때문이다.

이슬람 세력에 대한 '무조건 왜곡'은 말아야

우리가 테러를 바라보는 올바른 시각과 기준을 갖추는 것만큼 이슬람 세력에 대해 왜곡되지 않은 관점으로 상호 인정하고 바라보는 자세가 중요할 것이다. 테러리즘은 오늘날 국제사회가 직면하고 있는 가장 심각한 안보위협인 만큼 이 시대를 살아가는 누구나 테러를 예방하기 위한 깊이 있는 사고를 견지해야 하겠다.

이슬람 극단주의가 말하는 적의 개념

수니파 VS 시아파 천 년의 대립 이유는 '후계 정통성'

수니파 극단주의 무장단체 ISIS, 이란서 테러 자행
'혁명의 성소' 호메이니 묘역 공격해 시아파 자극
서기 632년 이슬람교 창시자 무함마드의 죽음서 분쟁 시작
"혈족만이 자격 있다" 시아파, 1~3대 칼리파 인정 안해
불신 뜻하는 '쿠프르·카피르' 구분하며 파벌 갈등 지속

2017년 이슬람 시아파 맹주인 이란의 심장부가 수니파 극단주의 무장단체 ISIS에 의해 핏빛으로 얼룩지면서 중동의 긴장이 최고조에 달했었다. 이란 테헤란의 국회의사당과 테헤란 남부 이맘 호메이니 묘역에서 동시 테러

가 발생해 17명이 사망하고 52명이 다쳤다. 테러리스트 6명은 현장에서 숨졌고, 5명은 체포됐다.

호메이니 묘역 테러는 그들이 적으로 생각하는 서방과 기독교가 아닌 이슬람 수니파와 시아파 간의 갈등이 격화돼 일어났다는 점에서 매우 의미있는 사건이다.

특히, 이란 국민들이 가장 신성시하는 '혁명의 성소' 호메이니 묘역에서 테러가 발생한 것은 처음이었다. 호메이니는 1979년 이슬람 혁명을 성공시켜 시아파 성직자가 지배하는 오늘의 이란을 만든 인물이다. 수니파인 ISIS는 이란을 가장 크게 자극할 수 있는 장소로 그곳을 선택한 것으로 해석된다. 또한, ISIS는 테러 자행 이전부터 본인들을 격퇴하기 위해 참전하고 있

지난달 7일 발생한 이란 테헤란 국회의사당 테러 모습.

는 이라크 시아파 민병대와 정부군을 지원해 온 이란 시아파를 이교도로 지목하고 '종파청소' 등을 주장해 왔다.

그렇다면 종파 간의 대립과 충돌이 벌어지는 이유는 무엇일까? 수니와 시아는 이슬람에서 서로 대립하고 있는 양대 종파이다. 이는 기독교에서 가톨릭과 개신교라는 양대 산맥이 있는 것에 비유될 수 있다. 사우디아라비아를 종주국으로 하는 수니가 다수85~90%이고 이란을 종주국으로 하는 시아가 소수10~15%이다.

수니파와 시아파 간의 갈등은 서기 632년 이슬람교 창시자인 예언자 무함마드의 죽음으로부터 시작되는데, 흥미로운 것은 무함마드의 가족이다. 무함마드는 많은 아내를 두었다. '코란'은 아내를 4명으로 한정하고 있으나 무함마드가 죽었을 때 모두 열 명의 아내가 있었다고 한다. 이에 대해 모슬렘들은 많은 수의 아내는 전통적으로 하나님이 예언자들에게 내린 특권으로 해석한다.

무함마드는 후계를 이을 아들도 없었을뿐더러 분명한 후계자 선정도 하지 않은 채 죽자 일종의 후계자 계승 다툼이 시작된 것이다. 수니파와 시아파의 가장 큰 차이점은 아들이 없던 무함마드의 계승자를 누구로 보느냐에 따라 다르다. 수니파는 역대 칼리파이슬람 예언자 무함마드를 잇는 계승자, 대리자를 뜻함를 계승자로 여기는 반면, 시아파는 무함마드의 사촌이자 사위인 알리를 계승자로 여긴다. 무함마드의 사촌이자 사위였던 알리는 쿠데타 세력에게 암살당했다. 그러자 알리 추종자들은 "무함마드의 혈족인 알리만이 칼리파 자격이 있다"면서 새로운 지배자들에게 저항했다. 시아파는 1~3대 칼리파를 인정하지 않고 4대 칼리파인 알리와 알리의 후손만을 칼리파로 인정한다.

이것이 수니파와 시아파의 본격적인 분열의 시작이라 할 수 있다. 이에 따라 무함마드 사후 후계구도는 피로 얼룩져 있고, 그에 따른 파벌 갈등이 지금까지 이어져 내려오는 것이며 정통성이라는 화두가 무함마드 이후 이슬람 역사 천 년을 지배하게 된다. 따라서 이슬람 세계에서는 지금도 '쿠프르(=불신), 카피르(=불신자)'라는 단어를 가장 무서운 단어로 취급한다. ISIS가 사람을 죽일 때 자주 사용하는 용어가 바로 '쿠프르, 카피르'이다. 대단히 엄중한 용어로서 제대로 믿지 않는 사람은 모두 불신자며, 이들을 기다리는 것은 극형뿐이다.

그래서 이슬람 극단주의는 자신들의 적을 '카피르멀리 있는 적'와 '무나픽가까이 있는 적'으로 구분하고 있다. 카피르는 '믿지 않는 자 또는 이교도'를 의미하는데 크리스천, 힌두교도, 불교도, 무신론자 등 모든 비모슬렘 인구들이 여기에 해당되고, 거리적으로는 모슬렘 국가들에서 멀리 떨어진 유럽, 북아메리카, 극동아시아 등에 있으므로 원거리 적으로 규정하고 있는 것이다. 반면 무나픽은 '위선자 또는 거짓된 자, 배반자' 등의 의미를 갖는 단어로 모슬렘이면서 모슬렘을 배반한 자, 또는 겉으로는 모슬렘이면서 실제로는 세속적인 정치권력, 부富, 서구의 개인주의, 자유주의 혹은 물질문명을 탐닉하는 자를 총칭하는 단어로서 지리적으로 이슬람 국가에 존재하는 내부의 적에 해당된다. 겉으로는 모슬렘을 표방하면서도 이교도인 서방국가들에 협조적이거나, 이슬람 율법을 엄격하게 따르지 않고 독재적이고 부패한 이슬람 지역의 정권들을 포함시키고 있다.

적에 대한 두 개념은 이슬람 초기부터 있어 왔던 것으로 오랜 역사를 가지고 있으며, 모슬렘들이 그들의 적을 이해하는 방식인 동시에 이슬람적 세계관을 담고 있다 할 수 있다.

최근 중동지역이 더욱 긴장된 것은 도널드 트럼프 미국 대통령이 사우디아라비아를 방문해 수니파인 사우디아라비아를 치켜세우고, 시아파인 이란은 테러지원국이라고 비판을 가하면서 양국의 감정이 더욱 악화된 것일 수도 있다. 이러한 영향은 사우디, 바레인, 아랍에미리트, 이집트 등 중동 9개국이슬람교 성지 메카가 있는 사우디를 중심으로 결집해 있는 수니파 아랍 국가이 테러단체 지원 등을 주장하며 카타르와 국교단절을 선언하고 육·해·공 삼면을 차단하는 데까지 이르렀다.

우리는 이슬람 세계를 동일하게 바라보지만 종족·종파 간 내부적 갈등과 문제는 심각하기 때문에 향후 가까운 적들 간의 대립과 투쟁은 이슬람 세계의 또 다른 위기가 될 것이다. ISIS의 쇠퇴와 함께 중동의 정치 지형이 새로운 모습으로 재편될 것이다. 그러나 어떠한 경우든 테러리즘의 악행은 평화롭고 문명화된 세계에서 사라져야 할 존재이다. 결국 테러를 후원하는 국가들은 그들이 조장하는 악惡의 희생자가 될 뿐이기 때문이다.

이슬람이 이슬람을 공격하는 이유

단순히 종교분파·종교인종 문제 아닌
개인적·물질적 탐욕이 근본적 원인

이슬람 극단주의자들은 누구를 적으로 하는가? 2017년 이슬람 극단주의 무장 세력의 테러 공격으로 300명 이상 사망자를 낸 이집트 알라우다 이슬람사원은 수피파 모스크다. '수피sufi'란 아라비아어로 양모羊毛를 의미하는 수프라는 말에서 유래하며, 양모로 된 옷을 걸친 자는 수피라고 불렸다. 이 종파는 율법이나 의례보다는 개인의 신앙을 강조하는 조용하고 교조적이 아닌 현실적인 경향을 띠고 있다. 지금은 수니파, 시아파와는 또 다른 온건한 무슬림으로 알려져 미국을 비롯한 유럽에서 영향력을 늘여가고 있는 분파로 성장했다. 특히, 흰옷을 입은 수도사가 빙글빙글 돌며 '세마sema'라고 불리는 회전

이미지=iclickart

춤을 추는 모습은 유명하다.

테러가 발생했던 시나이반도 북부지역은 이집트당국이 연일 ISIS지부 등 여러 테러무장단체들과 대치를 벌이고 있는 복잡한 요인도 있지만, 수피파를 이단이라고 보는 ISIS의 종교적 극단주의와 수피파가 이집트 정부에 협조하고 있다는 의심이 테러의 배경이 됐을 수도 있다는 게 대부분 중동 전문가들의 분석이었다. 또한, 시리아나 이라크에서 ISIS가 내몰리면서 점점 더 과격화하는 양상에서 발생한 무차별적 테러일 수도 있다. 지난 6월에는 이란 수도 테헤란에서 이란 국민들이 가장 신성시 여기는 혁명의 성소, '이맘 호메이니의 묘역'과 의회에서 거의 동시에 테러가 발생해 12명이 사망하고 46명이 다친 테러도 발생한 바 있다.

여기서 같은 이슬람인데, 극단주의 테러단체는 왜 이슬람 사원과 묘지를 공격했을까하는 의문이 남는다. 이슬람 극단주의가 생각하는 두 개의 서로 다른 적의 개념을 이해할 필요가 있다. 이 두 개념은 '카피르kafir'와 '무나픽munafik'이라는 무슬림들이 자신들의 적을 구분하는 개념과 연관성을 갖고 있다 할 수 있다. 즉, 멀리 있는 적과 가까이 있는 적을 말한다. '카피르'는 믿지 않는 자 또는 신의 사람들이 아닌 이교도들을 의미하는데 크리스천, 힌두교, 불교도, 무신론자 등이 여기에 해당되고, 거리적으로는 무슬림 국가들에서 멀리 떨어진 유럽, 북 아메리카, 극동아시아 등의 원거리에 있는 모든 비 무슬림 인구를 적으로 규정하는 것이다.

반면에 '무나픽'은 행동과 말이 다른 위선자 또는 거짓된 자, 배반자 등의 의미를 갖는 단어로 무슬림이면서 무슬림을 배반한자. 또는 겉으로는 무슬림이면서 실제로는 세속적인 정치권력, 부 또는 서구의 개인주의·자유주의 혹은 물질문명에 탐닉하는 자를 총칭하는 단어로서 지리적으로 이슬람 국가들내에 존재하는 내부의적에 해당하는 근거리 적이 여기에 해당된다 할 수 있다. 대표적으로 무슬림을 표방하면서도 이교도인 서방국가들에 협조적이면서 이슬람의 율법을 엄격하게 따르지 않고 독재적이고 부패한 많은 이슬람 지역 정권들을 포함 시키고 있다.

여기에는 미군과 그 동맹국 군대, 외국 기업을 위해 일하거나 또는 엄격한 이슬람율법을 따르지 않고, 자유로운 복장이나 용모 또는 생활습관을 유지하거나 여자로서 학교에서 공부하거나 직장에서 일을 하는 등의 행위들은 그들 입장에서는 모두 이 '무나픽'이라는 내부의 적에 해당된다고 할 수 있다. 이러한 적에 대한 이분법적인 분류는 이슬람 초기부터 있었던 이슬람 세계관이 담겨있는 개념으로 극단주의 테러조직이 전통적으로 그들의 적을 이해하고 대처하는 방식이라 할 수 있다.

일각에서는 이집트 알라우다 이슬람서원 테러 발생을 계기로 수니파를 대표하는 사우디아라비아가 최근 이슬람 반테러 동맹IMCTC의 역할을 강조하고 있어 중동패권을 두고 시아파인 이란과의 대결국면이 강화될 수 있다는 우려도 나오고 있다. 그래서 쇠락해진 ISIS가 이런 어수선한 중동정세를 활용해 수니파와 시아파 간 갈등을 극대화할 목적으로 테러를 감행했을 가능성이 있다는 분석도 제기된다.

어찌됐건, 이러한 외부의 적 관념은 19세기, 20세기 유럽제국주의의 팽창과 함께 비 무슬림인 북미와 유럽 국가들로 대체되었으며, 최근에는 경제적, 국제정치적으로 급성장한 한국과 일본과 같은 극동 아시아 국가와 러시아와 인도 등의 국가들이 개념적으로 이 원거리 적에 추가되는 경향이 있다 할 수 있다. 그러나 그 전략적 우선순위를 논하기 전에 먼저 분명히 짚고 넘어가야 할 점은 이슬람 극단주의자들의 궁극적 목표는 전 세계에서 이슬람 극단주의 정권을 수립하는 것이며, 그 대상은 근거리 적과 원거리 적 모두를 포함한다고 볼 수 있다.

따라서 여기서 이슬람이 이슬람을 공격하는 이유는 단순히 종교분파나, 종교인종의 문제만이 아니라는 점이라 할 수 있다. 그것보다는 오히려 테러단체들이 어떤 대상을 자신들의 적으로 간주할 것인가 하는 극히 개인적이고 물질적 탐욕이 더 근본적 원인이라 할 수 있다. 즉, 그들이 적을 개념 짓는 전략적 우선순위는 누구를 먼저 공격할 것인가의 이해관계에 따라 결정된다 할 수 있다. 사랑과 관용은 모든 종교의 근본이지만 극단주의 테러리스트들에게 종교는 악용되고 있을 뿐이다. 결국 계속되고 있는 지구촌의 혼란과 갈등이 용서와 평화의 땅이 되도록 하는 것은 우리들의 가장 중요한 과제이다.

'소프트 타깃 테러', 미국에서 시작된 용어이다

'소프트 테러'라는 미래사회의 파괴방식에 철저히 준비 필요

올해도 지구촌에서는 테러의 일상화로 공포와 위협이 증가하고 있다. 최근 파리와 런던, 벨기에 그리고 소말리아에서도 연이어 테러가 발생했다. 세계는 당분간 테러의 위협을 일상으로 받아들여야 할 것 같다. 이제 중동을 넘어서도 테러의 안전지대는 없다는 게 지구촌의 현실이다.

더구나 시리아와 이라크에서도 수니파 극단주의 무장조직 이슬람국가ISIS를 무너트리려는 전쟁이 끝나더라도, 쇠락한 ISIS가 사라지더라도 재기를 시도하는 그들은 자신들이 국제적인 세력임을 과시하기 위해 미국과 유럽에서 테러 공격을 감행하는 식으로 영토 상실을 보상하려 한다는 전문가

이미지=iclickart

들 분석이 지배적이다. 그들은 이미 불특정 민간인을 대상으로 한 폭탄테러와 전통적인 내란 선동 방식으로 전술을 바꾸기 시작하였다.

이처럼 최근 테러 양상은 하드 타깃에서 소프트 타깃으로 변하는 추세다. 전통적인 테러리스트들은 주요 정치인이나 군인, 정부기관 등을 공격하는 방식을 택하였으나, 이제 그 대상이 애꿎은 민간인으로 확대되고 있다. 특히, 외로운 늑대Lone Wolf와 같은 자생적 테러리스트들은 소프트타깃 을 대상으로 하고 있다. 이는 손쉽게 테러를 가할 수 있고 더 많은 공포감과 효과를 줄 수 있기 때문이다.

'소프트 타깃'이라는 용어는 미국의 진보 지식인이자 언어학자인 '노엄 촘스키'가 1986년 이란-콘트라 스캔들에서 처음 사용했다. 1979년 남미의 니카라과에서 오랫동안 폭압정치를 펴온 소모사정권이 무너지고 좌익 성향의 산디니스타 민족해방전선이 자리 잡게 되자, 미국레이건 행정부가 나서서 우익반군 콘트라를 지원해 좌익 정부를 무너뜨리려는 계획을 짜게 되고, 이 과정에서 미국국가안전보장회의NSC가 1986년 불법적으로 이란에 무기를 판매한 대금의 일부를 니카라과의 우익 반군 콘트라에 지원한 사실이 폭로되었던 사건을 말한다.

당시 미국의 CIA는 반군에 대한 공격명분으로 콘트라 반군에게 민간 병원, 학교에 대한 공격을 지시해 많은 희생을 냈었는데, 이것을 보고 노엄 촘스키는 콘트라 반군의 공격이 저항할 수 없는 민간인을 희생양으로 한 '소프트 타깃'공격이라 말하면서, 미국 정부가 테러를 만드는 데 일조했음을 강하게 비판했다. 이를 계기로 이 용어는 점차 퍼지게 되었다.

그 후 이 개념은 2001년 9.11 테러 이후 본격적으로 정립됐다. 아무런 위험이나 저항 없이 쉽게 테러를 자행할 수 있으며, 더구나 불특정 다수를 대상으로 삼기 때문에 파급효과를 극대화 할 수 있다는 측면에서 알카에다, ISIS와 같은 국제테러단체들이 주로 애용하지만, 자생적 테러리스트들이 목표로 하기도 한다.

9.11 당시 알카에다는 민간 항공기를 납치, 미국 전역에 동시 다발적인 테러를 자행했으며, 희생자 2,763명 중 대부분은 민간인이었다. 구조소방관 등도 무려 3백여 명 이상이 희생됐다. 이 시기를 기준으로 테러의 방향은

민간인 및 불특정 다수를 노리는 '소프트 타깃'으로 넘어가기 시작했다고 할 수 있다. 이 테러방법의 가장 큰 특성은 희생이 대규모라는 점이다. 저항할 능력도, 반격할 능력도 갖추지 못한 일반 민간인을 대상으로 하는 데다, 예측도 쉽지 않기 때문이다. 실제로 출퇴근하는 일반 민간인들을 대상으로 예기치 못한 폭탄 테러가 이뤄진 사례들이 증가하고 있다.

우리나라는 '소프트 타깃' 테러로부터 안전할까? 많은 전문가들이 한국 역시 안전하지 않다고 지적한다. 가장 대표적인 것은 두 가지가 이유이다. 첫 번째 이유는 ISIS이슬람국가와 같은 극단주의테러단체들을 잠재적인 위협으로 우려하고 있다. 미국의 동맹국으로서 한국은 일찍부터 '십자군 연합' 62개국 중 일원으로 거론되며, 테러가 경고된 바 있다.

두 번째는 북한이다. 사실 최근의 남북간 분위기 변화와 핵개발 이슈로 가려져 있기는 하지만 북한은 세계에서 손꼽히는 테러기술을 갖추고 있는 대표적인 국가주도형 테러단체로 주목받고 있다. 1987년 대한항공 858편 폭파 사건KAL기 폭파사건 등을 비롯해 과거에도 민간인을 대상으로 많은 테러를 저지른 바 있다. 특히, 북한이 언제든지 테러를 저지를 수 있는 여건과 능력을 갖춘 것은 우리에게 큰 위협이다.

더구나 최근 국제테러 양상은 국가 간 갈등을 넘어서서 비국가 행위자로 인한 불안정성이 확대되고 있으며, 중동과 이슬람권을 넘어서서 유럽과 동남아시아 및 중앙아시아 일부 지역으로도 테러가 확산되고 있다. 테러가 많이 발생하였던 2017년 상반기 현황은 전체 596차례의 테러 공격으로 4,044명이 사망하는 등 테러의 빈도와 사상자수는 점증하는 추세를 나타내고 있다. 더구나 범세계적 테러 확산의 한 축으로 '종교기반 급진주의'사상religious radicalism이 '폭력적 극단주의violent extremism'로 발현되는 현상이 나타나고 있다.

비록 ISIS는 영토가 축소되는 등 궤멸을 앞두고 있지만, 오히려 위기감이 확장되면서 해외출신 지하디스트들FTF의 자국 유입으로 폭력 상황이 점증될 수도 있다. 실제 최대 규모인 120개국 40,000명 이상의 FTF들이 시리아와 이라크에서 적극 활동했다. 국제사회의 체계적인 대응이 필요한 시점이다.

결국 오늘날 일어나고 있는 테러양상의 변화는 매우 폭력적이고, 그 피해의 대상은 죄 없는 불특정 다수가 된다는 점이다. 이는 근본적으로 개인 등의 비국가 행위자들이 살상무기의 생산과 획득에 대한 접근이 쉬워졌기 때문이다. 사제폭발물의 제조와 차량을 이용한 돌진 테러는 테러리스트들이 좀 더 쉽게 폭력적 능력을 강화하는 방향으로 전개될 것이다. 우리는 '소프트 테러'라는 미래사회의 파괴방식에 얼마나 준비가 되어 있는지 의문이다.

테러지원국은 테러단체와 구별되는 또 다른 개념이다

북한에 대한 테러지원국 재지정 의미

2018년 미국 국무부는 '2018년 국가별 테러 보고서'Country Reports on Terrorism 2018를 발표하고 북한을 이란, 수단, 시리아와 더불어 테러 지원국으로 재차 지정했다. 이미 미국은 지난 2017년 11월에도 북한이 테러 지원국 명단에서 해제된 지 9년 만에 북한을 테러 지원국 명단에 올렸었다. 2020년 5월에는 유럽연방EU 집행위원회가 북한을 자금 세탁 및 테러자금 지원국 명단에 계속 재지정 하였다

테러단체와 구별되는 또 다른 개념이 바로 테러지원국이다. 미국이 테러 활동에 연루됐거나 테러단체를 지원한 국가들을 지정해 각종 압박을 가하는 것으로 미국 국무부에 의해 "국제테러행위에 반복적으로 지원을 제공한

국가"로 규정된 국가들을 말한다.

미 국무부는 1979년부터 「수출통제법」에 의거 매년 정기 또는 수시로, 테러를 사주·지원·방조하거나 은신처·병참·정보제공 등의 행위를 하는 국가를 테러지원국으로 지정한다.

테러지원국으로 지정될 경우, 수출통제법Export Administration Act of 1979·적성국교역법·대외원조법·종합테러방지법 등을 적용하여 무기武器·이중용도二重用度품목 수출금지, 경제원조·미美수출입은행 보증·최혜국 대우·일반특혜관세 부여·국제 금융기관의 차관제공 금지 등 군사·경제·외교분야의 각종 제재를 받게 되지만, 무엇보다 강력한 제재는 국제금융기구의 차관 등을 금지한 경제제재다.

국제부흥개발은행IBRD이나 아시아개발은행ADB, 국제통화기금IMF 등 국제 금융기구로부터의 지원이나 신용공여가 어려워진다.

또 미국의 대외원조법은 테러지원국에 대해 잉여농산물원조(PL480) 식량지원, 평화봉사단 지원, 수출입은행 신용대출 등 각종 지원과 원조를 금지한다. 교역도 상당부분 제약된다.

미국은 수출통제법과 수출통제규정에 따라 핵, 미사일 등 군수물자 수출을 전면 금지할 뿐 아니라 군수용으로 전용할 수 있는 이중용도 품목이나 기술을 수출할 경우 허가를 얻도록 하고 있다. 그런 측면에서 북한정권을 압박하는 효과는 있지만, 북한의 주민생활은 더욱 어려워질 수밖에 없다.

2017년 현재 테러지원국 목록『2016 국가별 테러리즘 보고서Country Reports on Terrorism 2016』에는 이란1984년 추가, 수단1993년 추가, 시리아1979년 12월 29일 추가가 포함되어 있었으나, 최근2017년11월20일 도널드 트럼프 대통령은 9년 만에 북한을 테러지원국으로 재지정하여, 현재 4개국이 지정되었다.

미국은 1984년 팔레스타인의 하마스, 레바논의 헤즈볼라, 예멘의 시아파 후티 반군 등을 지원했다는 이유로 이란을 테러지원국으로 지정했다. 부시 행정부 때인 2007년 10월에는 이란의 군대인 혁명수비대를 세계적인 테러조직으로 특별 지정하기도 했다.

수단은 쿠테타로 집권한 인권탄압, 폭동정치와 탄자니아주재 미국대사관폭파사건에 수단 인이 관련되어 지정되었다.

시리아는 미국이 테러지원국을 발표하기 시작한 1979년부터 아사드 정권이 레바논의 헤즈볼라와 팔레스타인 하마스와 인민해방전선 등을 지원한다는 이유로 테러지원국으로 남아 있다. 수단은 알카에다 등 테러단체를 지원했다는 혐의로 1993년에 테러지원국에 포함되었다.

북한은 1988년에 테러지원국에 추가되었다. 일본의 적군파 단원에게 도

피처를 제공한데다가, 대한민국과 관련하여 아웅산 묘역 폭탄테러사건1983.10.9과 대한항공 858기 폭파사건1987.11.29 등의 테러를 일으킨 것이 그 사유였다.

몇몇 좌익테러단체를 지원했다는 이유로 테러지원국 명단에 계속 포함되었으나, 명단유지에 대한 실효성에 대해 의문이 제기 되었으며, 이어 2008년 10월 부시 행정부와의 핵검증 합의에 따라 해제되었었다.

즉 6자회담에 따른 이행으로 북한이 핵신고를 하고 핵무기 개발을 하지 않을 것을 확인하면서 2008년 10월 테러지원국 명단에서 공식적으로 삭제하였다.

그러나 버락 오바마 대통령 정권 출범 이후 북한이 약속사항을 제대로 이행하지 않는데다가 천안함 사태2010.3.26, 연평도 포격사건2010.11.23, 무기판매 의혹 등으로 테러지원국으로 재지정해야 한다는 목소리도 나온 바 있다.

그 후 지난 2014년 말 김정은 국방위원장 암살을 주제로 한 영화 '인터뷰'를 제작한 소니픽쳐스엔터테인먼트 사를 해킹한 배후로 북한이 지목되고, 김정남 암살사건2017.2.13.과 미국이 최대한의 제재, 압박으로 북한 핵문제를 해결하기 위한 방안으로 미 행정부와 의회 일각에서 다시 북한을 테러지원국으로 재지정해야 한다는 주장에 따라 재지정된 것이다.

북한을 테러지원국으로 지정한 것에 대해서는 미국의 전문가들은 엇갈린 반응을 보이기도 한다. 이미 북한은 국제사회로부터 광범위하고 강도 높은 제재를 받고 있기 때문에 테러지원국 재지정에 따른 실효성이 적은 반면 남북관계 정상화 등 국제 관계의 부담을 높인다는 분석을 내놓은 바 있었다. 대화와 협상을 어렵게 만든다는 지적도 나왔다. 조치의 실효성에 대한 의문이다.

하지만 전반적 평가는 북한에 경제적 영향을 주면서 대북제재의 허점을 메울 수 있는 방안이라는 평가이다. 또한 북한은 정기적으로 훈련 및 무기 판매를 통해 이슬람 테러리스트를 돕고 있는 것으로 의심받고 있다.

북한은 이스라엘과의 적이며 서아시아와 일본의 테러조직으로 분류된 하마스를 후원하고 있고 하마스도 현재 북한을 지원하고 있으며, 블랙리스트 국가인 이란과 시리아와 긴밀한 관계를 맺고 있다는 것도 북한의 테러지원국 재지정의 이유중 하나이다.

미국의 북한에 대한 테러 지원국 재지정 보고서에는 '위험하고 악의적인 행동', '위협' 등의 강도 높은 표현이나 테러 활동에 대한 상세한 지적 등은 빠졌다는 게 특징이다. 북한과의 최악의 관계를 개선해 보고자 하는 의도이다. 하지만 북한의 핵 위협은 진행 중이다. 오히려 더욱 격화될 수 있고, 북한의 대화 거부는 어쩌면 미국의 군사옵션을 결정하게 할지 모른다

이로 인해 발생하는 전쟁과 도발은 우리에게 고통이다. 하지만 한 가지 확실한 것은 북 핵 도발의 주체인 북한의 핵미사일 도발이 자제되지 않는 한, 미국과 북한, 남북 간의 위험천만하고 일촉즉발의 긴장은 지속될 것이라는 점이다.

체제수호를 위해 핵과 미사일 카드를 사용하는 것은 북한의 현실이고, 수용소 감옥은 이 지역의 억압적 정권을 상징한다. 북한의 행동을 변화시키고 협상테이블로 돌아오도록 하는 것이 한반도의 평화를 위하고, 휴전상태인 남북전쟁을 실질적으로 마감하는 길이 될 것이다.

MONERO

50

제2부

왜 테러는 21세기에 증가하나?

테러리즘은 21세기의 새로운 전쟁방식이다

제3물결에서의 전쟁,
사이버전과 돈이 적게 드는 전쟁으로서 테러리즘

남북한 간 전쟁은 일어날 것인가? 북미 간 핵과 미사일문제로 촉발된 위기상황은 정상간의 만남에도 불구하고 여전히 한반도의 긴장을 지속시키고 있다. 세계는 지금 중동과 유럽에서의 테러와 중국과 인도의 충돌, 그리고 미국과 북한과의 핵미사일 대립, 최근에는 코로나 19를 둘러싼 미국과 중국간 책임론이 격화되는 등 여러 위험 요소가 상존하고 있다. 세계 곳곳에서는 여전히 총과 흉기, 폭탄과 차량돌진으로 살상이 자행되고 있다.

이미지=iclickart

미래학자 앨빈 토플러는 그의 저서 〈전쟁 반 전쟁〉에서 새로운 전쟁형식의 출현과 평화를 가져올 수 있는 반 전쟁에 관해 이야기하면서 1945~1990년 사이 지구상에서 전쟁이 발발하지 않은 기간은 단 3주에 불과했고, 전쟁은 끊임없이 일어날 것이라 전망하며, 21세기 새로운 전쟁방식으로 테러리즘을 언급했다.

그는 물결이론을 전쟁에 적용시키며, 제1물결과 제2물결 그리고 제3물결로 사회는 급속히 변화하고 있는데 전쟁에 대한 우리의 사고방식은 이 속도를 따라가지 못하고 있다고 비판하기도 했다. 역사 속 전쟁들을 조명해보면 미래전의 형태는 정보와 지식을 바탕으로 한 정보전 형태를 띨 것이라는 게 일반적 예측이다. 소리 없는 전쟁, 총성 없는 전쟁으로서 사이버전과 돈이 적게 드는 전쟁으로서 테러리즘 이 여기에 해당된다.

전쟁수행방법에서도 제1물결 전쟁은 농업시대의 생산력과 결부된 활이나 칼 정도의 파괴력 밖에 없으므로 전쟁으로 인한 영향력이 미미했으나 제2물결에서는 대량생산과 산업화에 힘입어 전쟁도 대량살상의 형태가 등장하게 되며, 제3물결 전쟁에 이르러서는 지식이 강조되면서 지식에 의한 새로운 첨단 무기들이 많이 등장하게 되었다. 새로운 문명은 전쟁에서도 충돌과 변화를 가져오게 된다.

그러나 대부분 군사전문가들은 전쟁에서 무엇보다 중요한 것으로 경제적 능력을 들고 있다. 전투비용은 현대전이 수행해야 하는 부담이기 때문이다. 더구나 동물적인 힘이 중시되는 전투에서 첨단무기가 중시되는 전투방법의 변화는 경제력의 전쟁이라 불릴 수밖에 없는 새로운 양상의 전쟁이 필연적으로 나타나게 되는 것이다. 그래서 군사적 강대국은 경제력에 의해서만 거대해질 수 있다는 주장이다.

예를 들어 대량파괴, 원자폭탄과 같은 고비용 대량파괴구조는 엄청난 비용의 증가를 지불해야한다. 즉, 무기생산과 소비에 사용되는 재정적 비용뿐만 아니라, 초래하는 파괴의 참혹함에 따르는 도덕적 비용도 함께 포함하게 되는 것이다.

결국 전쟁을 치루기 위해서는 막대한 전쟁비용이 지출될 수밖에 없는 것인데 이를 감당하기 어려운 재정적으로 열등한 국가와 단체는 냉전시대의 미국이나 소련 같은 우월한 파괴의 행위자들과의 동일한 파괴양식에 의한 경쟁을 사실상 포기했고 이에 따른 대체방안을 강구할 수밖에 없다는 것이다.

최근의 테러리즘의 증가는 이처럼 값비싼 대량파괴양식을 선택하기 어렵기 때문에 테러리즘이라는 작은 규모의 맞춤형 파괴양식이 나타나고 있다고 볼 수 있다. 약자가 이기기 위한 필승전략의 출발점은 강자가 정한 게임의 법칙을 거부하는 것이다. 약자는 스스로 게임의 규칙을 정하고 그 규칙에 따라 전략을 짜고, 그 규칙에 따라 게임을 벌여야 한다. 이게 전쟁에서 '약자의 역설'이라 할 수 있다. 바로 그게 새로운 파괴양식인 테러의 형태를 진화하게 만들었다고 볼 수 있다. 따라서 경제적 측면에서 돈 많이 드는 전쟁 대신 돈 적게 드는 테러의 형식을 애용한다고 할 수 있다. 그러한 현상은 앞으로도 경제적 약자인 국가에서 더욱 선호되는 전쟁의 방식이 될 수밖에 없다. 돈 있는 강자는 첨단무기를, 돈 없는 약자는 테러의 방식을 택하게 되는 것이다.

그런 측면에서 아마 새로운 전쟁의 대표적인 사례는 9·11 테러가 아니었을까 싶다. 자살폭탄테러나 인질납치, 생화학 바이러스를 포함한 같은 테러리즘은 이러한 재정적으로 열등한 파괴의 행위자들이 선택할 수 있는 전쟁 방식이라 할 수 있다. 최근 일상생활에서 사용하는 도구차량 테러, 밥솥 폭탄 등를 공격 수단으로 사용하는 신종테러인 '로우테크Low-tech 테러'증가 현상도 이와 관련된 현상일 수 있다. 즉 적재적소의 타깃을 값싸게 손쉽게 타격함으로써, 그들의 재정적 열등성을 극복하고 전략적 이득을 극대화하는 방식으로 맞춤파괴를 실행하는 것이다.

따라서 '앨빈 토플러'의 주장처럼 오늘 날의 전쟁과 파괴방식은 21세기의 경제상황과 분리될 수 없고, 군대의 규모와 숫자보다는 정보와 지식이 보다 중요해지고 승패를 결정짓는 결정적 요인이 되기 때문에 경제발전과 맞물려 무기 선택과 전쟁수행 방식을 결정짓게 된다고 할 수 있다. 이에 테러리즘은 새로운 생산양식인 맞춤 생산, 소비와 이에 발맞춰 '큰 전쟁'에서 '작은 전쟁'의 형태로 급격히 선택되고 변모하고 있다는 역사 발전의 관점에서 이해할 필요가 있다.

하마스와 가자지구, 그리고 평화

이스라엘과 팔레스타인의 대립,
가자지구에 총성이 멈추지 않는 이유

이스라엘과 팔레스타인간의 유혈충돌이 반복되고 있는 가자지구의 총성은 오늘도 끊이지 않는다. 최근에도 이스라엘은 비무장 팔레스타인 시위자들을 향해 총격을 가했다. 수십 명이 사망하고 수백 명이 부상당했다. 취재하던 팔레스타인 기자가 하마스 대원으로 판단되어 사살되기도 했다. 전쟁 범죄에 해당하는지를 놓고 국제적 규탄이 이어지지만, 이스라엘은 하마스의 테러에 대한 자위적 차원이었다고 항변한다.

왜 이스라엘은 계속해서 팔레스타인들과 이런 사태에 처하는 것인가? 강경한 진압을 하지 않고서는 과연 안보를 유지하는 게 불가능해서일까?

팔레스타인과의 분쟁이 끊이지 않는 이스라엘[이미지=iclickart]

미국 등 일부 국가를 제외한 국제사회는 오히려 팔레스타인의 비폭력적 반대와 시민 불복종을 지지하고 있다. 이스라엘이 시위하는 팔레스타인들에게 하마스라는 딱지를 붙이고, 폭력적 시위라는 프레임을 씌워 잔혹한 단속을 위한 명분을 만드는 것이라고 비판한다. 이는 인권을 존중하는 다원주의적 민주주의 사회는 시위대에 살상 무기를 사용하지 않는 게 국제법적 원칙이기 때문이다.

최근 팔레스타인 시위를 주도하고 있는 무장정파 '하마스' 조직은 국제사회의 가장 큰 주목대상이다. '하마스'는 1987년 이스라엘 점령에 저항하는 1차 팔레스타인 민중봉기인티파다 당시 결성된, 반 이스라엘 무장단체로서, 현 팔레스타인 자치정부집권당인 파타와 함께 팔레스타인 양대 정당으로 활동해 왔다. 온건성향의 파타와 달리 이들은 이슬람 국가주의를 앞세운 무장투쟁을 추구한다. 미국은 하마스를 1997년 테러단체로 지정했으며, 지도자인 '이스마일 하니냐'를 '특별지정 국제테러리스트SDGT로 분류한 상태다.

팔레스타인 분쟁에서 상반되는 핵심 이슈는 두 가지다. 이스라엘 입장에서는 반유대주의와 생존의 문제이다. 독일 나치에 의한 홀로코스트를 제외하고도 유대인들은 지난 수천여년 역사를 통해 그들을 말살하려는 반유대주의에 직면해야 했다. 그래서 유대인의 인식 속엔 반유대주의적 사건을 접할 때 집단 트라우마가 작동된다. 이것이 하마스를 포함한 이스라엘을 위협하는 세력에 가차 없이 공격으로 대응하는 이유이다. 한마디로 투쟁을 통한 일종의 '시오니즘적' 생존이다. 반면, 팔레스타인은 이스라엘을 몰아내고 거룩한 도시 예루살렘을 다시 회복하여 하나된 이슬람 연합공동체를 건설하는 비전이다. 따라서 이스라엘과 팔레스타인 분쟁은 단순히 표면적 영토분쟁이 아닌 고대역사를 기반으로 한 종교, 역사, 민족 분쟁이라 할 수 있다. 그래서 이 두 민족 간의 공존과 평화는 요원하기만 하다.

하지만 어린아이, 학교와 병원, UN 건물까지 폭격하면서 무고한 사람들을 죽이는 것까지 정당하다고 편을 들어줄 사람은 없을 것이다. 결국 이스라엘은 폭력에는 잘 대처하고 있지만, 비폭력적 반대를 대할 때에는 어떻게 대응해야 하는지 아직 지혜를 짜지 못하고 있는 것이다. 따라서 국제 사회에서 민주주의의 상징인 것처럼 행동하는 이스라엘이 수백만의 팔레스타인들의 기본적인 인권을 계속해서 부정하고 있는 이러한 행위는 이스라엘의 이미지와는 결코 맞지 않는 것이다.

양쪽의 분쟁은 뉴스에서 흔히 보도되는 도식화된 구도지만, 이제는 우리가 들여다보기 힘든 그들만의 상처와 역사의 아이러니를 잠시나마 다른 관점에서 환기시켜 보는 것도 필요하다. 보복과 증오, 공포의 피곤한 일상이 반복되는 예루살렘에서, 팔레스타인의 평범한 소년이 왜 자살 폭탄 테러를 감행해야만 하는지에 대한 비통함과 흐트러진 비극의 역사를 우리는 어디에서부터 짚어봐야 하는지를 진지하게 고민해볼 필요가 있는 것이다. 이는 아무리 현실로 마주하는 국제 질서라 하더라도 무고한 아이들과 시민이 죽어가고, 또한 이런 행위가 어떤 제지 없이 계속된다면, 더구나 그것이 어느 정도 정당한 것이라는 암묵적 합의가 이루어진다면, 이것은 정의라 할 수 없고, 단지 강자패권의 야만일 뿐이기 때문이다.

결국 누가 봐도 명백한 제로섬 게임인 이 상황은 우리가 당장 해결하지 못하더라도 인류가 정말로 '진보' 했다면, 이제는 상대방의 존재를 지워버릴 때까지 피비린내 나는 전쟁을 일으키는 악습을 끊어낼 수 있어야 하지 않을까? 비록 미국과는 우방인 우리의 입장에서, 팔레스타인과 한국과의 거리는 멀 수 있지만 같은 인류이기 때문에 그들이 갈망하는 평화라는 게 얼마나 힘겹고 요원한지를 절감하는 것뿐이다.

항상 전쟁과 테러는 '더 이상 해결할 방법이 없다'고 모든 것을 부정한 뒤의 마지막 행동이다. 그래서 최선은 아니더라도 어느 정도의 희망을 가지고 '차악次惡'으로 만들 수 있는 방법을 찾는 것은 평화로 가는 길일지 모른다. '최악'으로 향할 가능성이 농후한 최근 중동의 상황들이 조금이라도 '덜 나쁜 것'으로 반복 되지 않도록 하는 것은 인류가 일궈내야 할 책임이다.

여성 테러리스트 '지하드 제인'

세계를 떨게하는 그녀들 '男보다 잔인'

'검은 과부' '지하드 제인' 등 조직
가족 잃거나 성폭행 당해 복수심 불타
투쟁동기 갖고 자살폭탄테러 자행
女테러리스트, 수사망 피하기 쉬워
2011년 시리아 내전 이후 활동 활발

이탈리아 테러단체 '붉은 여단'의 핵심 멤버 '수산나 론코이'는 1978년 알도 모로Aldo Moro 전 이탈리아 총리를 납치·살해하는 등 70~80년대 유럽 일대의 수많은 테러에 관여하며 여성 테러리스트로서 악명을 떨쳤다.

그리스 극좌단체 소속 여성 테러리스트 파나지오타 루파가 지난 1월 체포되고 있다. 필자제공

2002년 체첸 반군에 의해 자행된 모스크바 극장 인질 테러 사건 당시 러시아 군이 부상자들을 구조하고 있다. 필자 제공

이탈리아 테러단체 '붉은 여단'의 핵심 멤버 '수산나 론코이'는 쿠바의 혁명가였던 '체 게바라'를 존경했고 '무기테러가 자유를 가져올 것'이라고 믿었으며, 남성을 능가하는 잔혹성으로 세상을 놀라게 했다.

2017년 1월 도피 행각 4년 만에 체포된 '파나지오타 루파'는 아테네 미국 대사관 로켓탄 공격, 아테네 주식거래소 폭탄테러 등 10여 건의 테러를 자행했다. 그녀는 그리스 극좌단체 '혁명투쟁'의 전 지도자 '니코스 마치오티스'의 부인으로, 2014년 7월 남편이 경찰에 체포되자 복역 중인 남편을 구출하기 위해 헬리콥터 납치를 계획했으나, 조종사의 거센 저항으로 헬기가 비상착륙하자 도주하는 대담함을 보이기도 했다.

남성 능가하는 잔혹성 세계가 놀라

이외에도 1988년 대한항공 858기를 공중에서 폭파시킨 북한 여성 공작원 '김현희', 1991년 총선 지방유세 중인 인도 총리 '라지브 간디'를 향해 자살폭탄 테러를 자행한 타밀 반군 여성 테러리스트, 2005년 11월 이라크 바그다드에서 미군 호송 차량을 향해 자폭테러를 벌인 벨기에 백인 여성 '뮈리엘 드고크', 지난 2월 13일 말레이시아공항에서 북한의 사주를 받고 김정남을 독살한 외국인 등 여성에 의한 테러는 현재도 지속되고 있다.

전문가들은 "여성 테러리스트는 수사망을 피하기 쉬울 뿐만 아니라 일반인들도 이들에 대한 경계가 덜하기 때문에 이러한 점을 십분 활용하고 있다"고 분석하고 있다. 2011년 시리아 내전 이후 자생적 여성 테러리스트에 의한 활동이 두드러지면서 이들을 '지하드 제인Jihad Jane'이라 불렀다. 이슬람 '성전聖戰'을 뜻하는 단어 '지하드Jihad'에 미국 유명 여배우 데미 무어가 미 해군 특수부대원으로 출연한 '지아이GI 제인'의 주인공 이름 '제인(Jane)'

을 합쳐 만든 단어다.

과거 세계에서 일어난 자살폭탄 테러 중 여성이 자행한 비율은 국가별로는 체첸 60%, 팔레스타인 5%이며, 테러단체별로는 터키 내 쿠르드 노동자당이 71%, 스리랑카 내 타밀 반군이 40%를 차지하고 있다. 그렇다면 왜 여성들은 자신의 소중한 목숨을 내던져 테러리스트가 되는 것일까?

테러단체에 의해 강제적으로 폭탄벨트가 장착되기도 하지만, 여성 테러리스트들은 저마다의 투쟁동기를 갖고 있다. 사랑하는 가족이 침략군에 의해 죽었거나, 당사자가 피해를 입은 경우가 대부분이며 영화 속에서도 볼 수 있듯이 '장미의 땅쿠르드의 여전사들'에 등장하는 쿠르디스탄 여성들은 자유와 독립, 민주정부 수립을 위해 투쟁하기도 했다.

여성 테러리스트 중 '검은 과부Black Widows'는 러시아로부터 분리 독립을 목표로 활동하는 체첸 여성 테러리스트를 지칭한다. 이들은 남편 등 가까운 가족을 러시아군에 잃거나 성폭행을 당해 복수심에 불타는 여성들이 주축인 것으로 알려지면서 '과부'라는 명칭이 붙여졌다.

이들은 스스로를 '샤히디순교자'라 부르며, 체첸 반군과 함께 인질극 또는 자살폭탄테러 등을 자행했다. 특히 2002년 체첸 반군들이 주도해 160여명의 사망자를 낸 모스크바 극장 인질테러 사건의 범인 41명 중 18명은 검은색 복장에 폭탄벨트를 두른 여성이었다.

고통 참고 견디는 능력 뛰어나

여성 테러리스트들의 특징은 대체로 남성 동료들보다 용감하고 때로는 잔인하며 고통을 참고 견디는 능력도 남성보다 뛰어나다. 실제로 감각실험을 해보면 여성은 남성에 비해 강한 고통은 견디지 못해도 고통을 오래 견뎌야 할 때는 훨씬 잘 이겨내는 것으로 나타났다. 똑같은 고문을 가할 경우 여자가 남자보다 비밀을 잘 엄수하며, 상대적으로 조직의 명령이나 체계를 중시하는 경향이 있다는 게 심리학적 분석이다. 더구나 '산고産苦'를 겪고 나면 여성들의 용맹성은 눈에 띄게 강해진다는 게 일반적 정설이다.

이처럼 사회적·종교적 사상을 배경으로 여성들의 삶의 방식과 사고가 변하고 있으며, 때로는 폭력적 극단화의 영향으로 테러리스트로 변신하고 있다. 벨기에 여성 '뮈리엘 드고크'는 제빵사로서 평범한 삶을 살다가 모로코계 모슬렘 남편을 만난 뒤 이슬람 극단주의에 빠지면서 테러리스트가 됐는데, 모슬렘 남편의 폭력적 사상에 영향을 받은 대표적 사례로 꼽힌다. 이슬람에서 여성의 위치는 남성에 비해 차별적이지만, 가족의 영향이나 시대적 상황에 따라 조직적 운동에 가담하는 행위로 진화하고 있다. 이것이 오늘날 여성 테러리스트들이 등장하는 이유라고 볼 수 있다.

역사적으로도 근대 초기 유럽에서 여성들이 봉기에 가담하는 일이 하나의 전통으로 이어져 왔고, 프랑스 대혁명 시기에 파리 민중들이 일으킨 수차례 봉기에서도 여성들이 선동자 역할을 했던 것은 익히 알고 있는 사실이다. 그러나 폭탄벨트를 두른 채 테러에 동원되는 여성 테러리스트들은 여성의 주체적 지위를 위한 것도 아니고, 더구나 감동적인 사랑이나 숭고한 이념을 위한 희생도 아닌, 한낱 살인도구의 소모품으로 이용된 것에 불과하다.

프랑스 혁명 시 '여성과 여성시민의 권리선언'에서 "여성도 단두대에 오를 권리가 있지만 연단에도 오를 권리를 가져야 한다"는 유명한 말은 여성들에게도 법에 의거한 인간과 시민의 권리가 부여돼야 함을 촉구하는 말이다. 이제 더는 전쟁과 테러리즘이 여성의 지위를 억압해서도, 전투의 도구와 굴레가 돼서도 안 될 것이다.

자식 위해 테러리스트가 되는 '맘마 지하디스트'

ISIS 자녀 돕는 '빗나간 모정'···사회적 문제로 대두

ISIS 조직원 된 아들을 만난
佛 여성 '크리스틴 리비에르'
2013~2014년 시리아 드나들고
자금 제공 혐의로 당국에 체포 중징계
유럽 전역까지 발생될 가능성 지적

테러리스트 자녀를 몰래 돕기 위해 테러에 가담하는 맘마 지하디스트.

'데메테르'는 그리스 로마 신화에 나오는 올림포스 12신 중 하나이다. 원래 만물의 어머니이자 대지의 여신인 당당한 지모신이었지만, 목숨처럼 귀히 여기던 딸을 잃어버린 슬픔에 반쯤 정신이 나가버린 가엾은 모성애의 상징이기도 하다. '데메테르 여신'의 딸 '페르세포네'는 그녀의 아름다움에 반한 하계의 신 '하데스'에게 납치되어 그의 아내가 되었다.

모성애의 상징 '데메테르'

딸을 찾기 위해 미친 듯이 들과 산을 헤매던 '데메테르'는 우연히 땅의 갈라진 틈에서 딸 '페르세포네'가 하고 있던 허리띠를 발견했다. 이는 지하의 왕 '하데스'가 대지를 갈라 그녀를 지하세계로 납치해가는 와중에 떨어뜨린 것이었다. 그제야 딸이 지하에 있음을 깨달은 '데메테르'는 분노해 외쳤다.

그리스 로마 신화에 나오는 올림포스 12신 중 하나인 데메테르 여신상.

"너는 내 가슴에 비수를 꽂는구나. 내 딸을 빼앗아 갔으니 나도 더는 네게 호의를 베풀지 않겠다. 이 대지 위에서 다시는 어떤 생물도 소생할 수 없을 것이고, 어떤 어미도 더는 자식을 얻을 수 없을 것이다." 자식을 잃은 어머니의 분노 앞에 대지는 무참히 말라갔고, 그 위에서 생을 이어가던 모든 생명체도 속절없이 쓰러져갔다. 신화는 이때부터 대지가 얼어붙는 겨울이 시작되었다는 이야기로 끝을 맺는다. 그리스 신화 중에서 '딸을 잃은 데메테르의 슬픔' 중에 나오는 모성 본능에 관한 내용이다.

저자 역시 나이를 먹고, 부모의 입장이 되고 보니 부모들의 그런 행동은 지극히 당연히 할 수 있다는 생각이 들기도 한다. 그래서 부모가 자식에게 느끼는 감정의 생물학적 근원에 대해 학자들은 자식에게 쏟는 부모의 절대적인 애정의 근원을 뇌와 호르몬의 상관관계로 설명하기도 한다.

쥐를 이용한 동물 실험에서 어미 쥐가 출산 이후 새끼 쥐와 접촉하면 이것이 신호가 되어 뇌의 도파민dopamine 수치가 상승한다. 신경전달 물질인 도파민은 뇌에서 고양감기분 좋은 느낌을 느끼게 하는 역할을 수행하는데, 코카인보다 훨씬 더 강력하게 어미를 끌어당기는 요소로 작용한다는 연구 보고이다. 어쩌면 부모에게 자식은 사랑의 호르몬이며, 마약보다 황홀한 것일지 모르겠다. 특히 모성 본능에는 새끼의 요청에 대해 어미가 즉각적으로 반응해 주는 것, 위급할 때 외부의 위협으로부터 보호해 주는 것, 그리고 새끼들과 신체적으로 밀접하게 접촉하여 안락감을 느끼도록 하는 감각적 접촉 등이 포함된다.

마마보이는 어머니에게 강한 애착·집착을 가지는 남자를 의미한다. 프랑스에서 인터넷과 또래 집단 등을 통해 급진 수니파

영국 여성 록가수 출신 ISIS 가담자 샐리 존스.

무장단체 ISIS에 빠지는 청소년들이 급증하는 가운데 이들을 몰래 돕는 '맘마 지하디스트엄마 성전주의자'가 새로운 사회적 문제로 대두되었다. 빗나간 모정으로 테러리스트로 변한 자녀를 몰래 돕기 위해 모친이 가담하거나 조력했던 혐의로 적발돼 유죄 판결을 받고 있는 것이다.

리비에르의 적극적 가담혐의 밝혀

최근 프랑스 파리 형사법원은 '크리스틴 리비에르'라는 여성에게 테러조직 가담 혐의 등으로 징역 10년의 중형을 선고했다.

그녀는 2013~2014년 세 차례에 걸쳐 시리아를 찾아 ISIS 조직원이 된 자신의 아들을 만나고, 2014년 6월 네 번째 만남을 위해 출국을 준비하다 정보당국에 체포됐다. 재판 과정에서 리비에르는 '아들의 배필을 찾아준다'며 프랑스에서 젊은 여성들을 이끌고 시리아 내 ISIS 집단 근거지에 드나든 것으로 드러났다.

그의 아들은 지난 2015년, 130명의 희생을 부른 파리 연쇄 테러의 주범 '압 델아미드 아바우드'와도 가까운 사이인 것으로 파악됐다.

리비에르는 "아들이 집으로 돌아오지 않을까 싶은 마음에 만나러 간 것"이라며 ISIS와 자신이 무관하다고 주장했다. 하지만 검찰은 리비에르가 아들에게 자금을 제공한 사실과 시리아에서 직접 무기를 들고 있는 사진을 찾아냈고, SNS를 통해 ISIS의 인질 참수 영상을 공유했던 것을 밝혀냈다. 재판부는 그가 적극적으로 ISIS에 가담한 혐의가 인정된다고 판단했다.

현지 언론들은 이들을 '맘마 지하디스트'로 부르며 비단 프랑스만의 문제가 아닌 유럽 전역에서 발생할 수 있는 사회적 문제로 언급하며 대책 마련이 시급함을 지적하고 있다.

엄정한 훈육도 '부모의 몫'

모성 본능으로 동물이 자신의 새끼를 돌보고 기르고자 하거나 사람이 자신의 아이를 돌보고 양육하고자 하는 욕구는 동일하지만, 동물들이 보이는 모성 행동은 선천적이고 유전적이므로 본능적인 측면에 가깝지만 사람들의 모성 행동은 본능에 따른다기보다는 경험이나 학습을 통해서 얻어지는 경향이 더 강하다는 연구 결과도 있다. 그래서 우리는 흔히 인간이라면 '생물학적 본능'에만 의존해서는 안 된다고 한다.

'고슴도치도 제 새끼는 함함하다'는 속담은 부모에게 있어 자식은 무조건 예뻐 보인다는 뜻으로 '털이 바늘처럼 꼿꼿한 고슴도치도 제 새끼의 털이 부드럽다고 한다'는 표현이다. 그러나 마약보다 황홀한 자식이더라도 자식의 잘못된 행동에는 회초리를 드는 엄정한 훈육도 부모의 몫이다.

테러리스트가 되고 싶은 앵그리 영맨

전 세계 젊은 층이 테러리스트의 유혹에 빠지는 이유

인류의 역사는 폭력성과 전쟁의 역사라고 할 수 있을 정도로 세계 도처에서 테러는 끊이지 않는다. 최근 프랑스에서는 평범한 청소년들이 SNS나 지역사회 이슬람 모임을 통해 폭력주의에 물드는 일이 심각한 사회문제로 대두되어 대응책에 고심 중이다. 왜 이처럼 반인륜적인 폭력집단에 세계의 청소년들은 열광하며 동참하려는 것일까? 그리고 과격하고 무자비한 행동을 서슴지 않고 벌일 수 있는 걸까? 전문가들은 그 첫 번째 이유로 테러리스트들의 도덕적 판단의 왜곡을 특징으로 들고 있다.

최근 네이처 인간행동Nature Human Behaviour 저널에 실린 논문에서는 테러

이미지=iclickart

리스트들과 일반인들을 참여시켜 지능, 공격성, 감정 인식, 도덕적 판단 등을 테스트했다. 그 결과, 대부분 두 그룹간의 변별된 차이점은 드러나지 않았지만 공격성과 도덕적 판단에 있어선 테러리스트 집단이 분노, 슬픔, 혐오 등의 감정을 구분하는 능력이 떨어지고, 도덕적 판단에서도 일반인들과 달리 왜곡된 결과를 보였다.

두 번째 원인으로는 청소년들의 소외감에서 그 이유를 찾는다. 사실 오늘날 청소년들은 많은 경쟁 속에서 직장과 가족, 자기가 속한 집단 내에서 고독과 힘듦을 경험한다. 이런 경우 다른 대안적 집단에서 위로받고자 하는 경향이 있다. ISIS와 같은 극단주의 테러단체는 그들이 위안을 받을 수 있는 유일한 대안적 공동체의 역할을 제공한다. 심리학자인 조너선 하이트는 이러한 인간의 경향을 일컬어 이집단성groupish이라고 하며, 애국심이나 맹목적인 신앙, 집단에 대한 충성심은, 자신의 집단을 다른 집단보다 편애

하는 본능에서 시작된다고 설명했다.

다음으로는 사회경제적 불평등과 폭력성의 측면에서 그 원인을 설명한다. 빅 데이터를 이용한 인류학적 분석에 의하면, 사회경제적 불평등이 심각하고 안정적인 미래에 대한 전망이 불투명할수록 폭력성이 증가하며, 테러는 빈부격차가 심하고 성비의 불균형이 심한 지역에서 더 두드러지는 경향을 보인다. 즉 인간내면에 휴화산처럼 잠재된 근원적 폭력성은 이러한 원인에 의해 더욱 증폭된다는 설명이다.

최근 들어 급증하는 폭력과 테러는 소득의 양극화, 경제의 장기불황 등으로 인해 실업이 증가하고, 이는 가난과 기회 박탈 등으로 이어져 결국은 낮은 자존감과 분노를 안고 있는 젊은이들을 폭력적으로 익숙해지는 방향으로 사회화시킨다 할 수 있다. 포퓰리즘이 득세하고 기성 정치에 대한 반감이 센 프랑스와 이탈리아, 두 나라의 공통점은 청년실업률이 유럽연합EU 평균치인 16.7%보다 높은 24%, 39%에 달한다. OECD 통계를 보면, 한국은 지난 8월 기준 실업률이 3.8%로 OECD 회원국 중 상승폭이 가장 컸다.

마지막으로는 돈과 모험, 사회적 지위, 매력적인 이성과 같은 인간적 욕망을 추구하고자 하는 것이 테러리스트를 양산하는 것으로 분석된다. 빈곤의 극복과 사회적 지위의 확대, 사회관계망의 구축, 풍요로운 목표, 매력적인 이성과 의 관계 등은 실제로 상당수의 젊은이들의 희망이지만 현실적인 한계로 이루기 힘든 상황이다. 극단주의 테러단체는 바로 이러한 점을 자극하여 유혹한다.

물론 이외에도 청소년들이 테러에 가담하는 원인은 매우 다양한 요소들이 존재 한다. 기존 가설에 의하면 이들은 자살에 대한 무의식적 욕망이라는 개인적 병리를 가진 인물로 그려졌다. 그러나 실증적 연구에 의하면, 실제로 대다수의 테러범은 아주 평범한 사람들이다. 처음부터 야만성이나 폭력성으로 똘똘 뭉친 자들이 아니었다. 오히려 자신이 속한 집단의 가치에 충실하게 복종하는 순응적 성격을 보였다.

결과적으로 모두는 아니지만 아마도 미래의 테러범 역시 우리 주변에서 늘 볼 수 있는 충실한 시민일 가능성이 높다. 다만 이들은 왜곡된 집단 문화에 어린 시절부터 노출됐고, 감정에 치우쳐 행동하는 경향이 강한 젊은 층이며, 의존성 혹은 회피성 성향이 일반인보다 강하다는 게 특징이다. 집단의 왜곡된 목표와 가치의 획일성, 즉 집단사고가 순응적인 청년들에게 목숨을 걸고, 타인의 목숨을 빼앗도록 강요하고 있는 것이다.

우리 사회 역시 전사의 꿈을 쫓아간 또 다른 김 군을 만들지 않기 위해 청년들의 내면에 은폐돼 있는 폭력의 근원을 찾아내 치유하려는 노력이 어느 때 보다 절실히 필요한 시기이다. 내가 세상에서 가장 잘 아는 존재라는 내 아이도 언제든지 '낯선 타자'가 될 수 있다는 점에서 우리들의 양육 방식도 되짚어 볼 필요가 있다. 비록 내 자식이지만 나도 모를 수 있는 것이다.

테러조직의 출현과 네트워크

자생적 테러리스트'는 어떻게 만들어지는가

> 함께 교리 공부하며 친분 쌓다가
> 테러조직과 네트워크 형성
> 이슬람권 2,3세대 자녀에게도 영향
> 가족이 공범인 英 공연장 테러도
> 이런 맥락에서 분석 가능

2017년 5월 발생한 영국 맨체스터 공연장 테러범의 배후에는 극단주의 무장단체 'ISIS이라크-레반트 이슬람국가'이 연계됐다는 정황들이 나오고 있다. 테러단체 ISIS은 전 세계 곳곳에서 극악한 테러 행위를 자행하여 주목을 받고

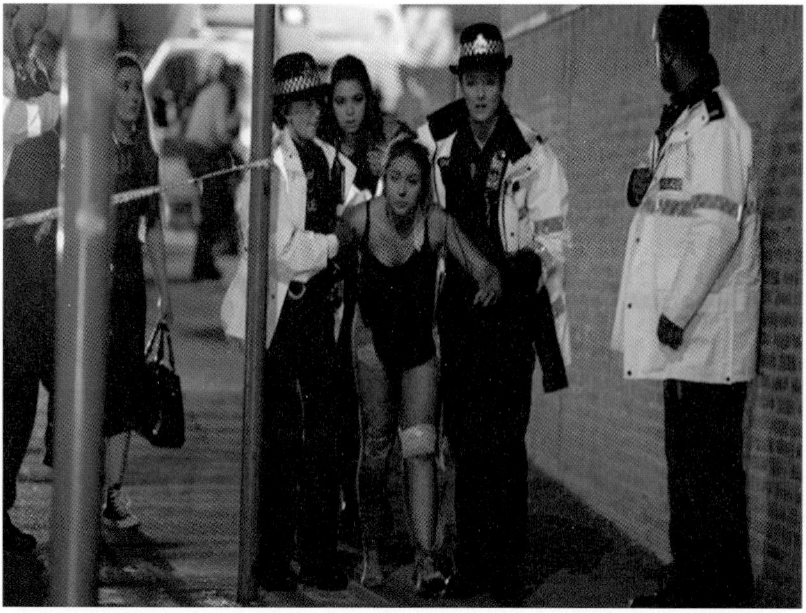
2017년 4월 22일 영국 맨체스터 아레나 경기장에서 발생한 폭탄 테러 현장에서 현지 경찰들이 부상자를 구조하고 있다. 연합뉴스

있지만, 원래 이슬람 극단주의 테러단체의 본류는 '알카에다'이다.

9·11 테러로 이름 알린 '알카에다' 조직

이 알카에다는 9·11테러 이전만 해도 일반에 그 이름이 거의 알려지지 않았었다.

알카에다는 과거 미 국무부가 발표한 국제테러단체 명부에 등록되어 있지 않았으나, 1999년 케냐와 탄자니아 주재 미 대사관 폭파사건의 배후 조종세력으로 지목받으면서 명부에 포함되었고, 2001년 9·11테러를 자행하면서 알카에다와 오사마 빈 라덴은 세간의 이목을 끌게 됐다. 오사마는 사우디아라비아 출신으로 1970년 소련의 아프가니스탄 침공 시 저항운동에 뛰어들었던 자로, 저항조직이 활동하는 데 부족함이 없도록 집안에서 엄청난 재력을 지원했다. 그 당시 미국은 중동 지배정책과 세계전략의 필요성 때문에 소련의 아프가니스탄 장악을 필사적으로 저지해야만 했기에, 결사항쟁을 위해 '이슬람 전사그룹무자헤딘'으로 참여한 오사마는 미국의 지원을 받기도 했다. 이런 맥락에서 '알카에다'와 '오사마 빈 라덴'이 미 정보 당국의 자

ISIS 추종 필리핀 무장 반군 단체 '마우테'

금과 무기지원, 전술·전략적 훈련에 힘입어 급성장할 수 있었다는 것은 흥미로운 일이다.

그러나 오사마는 1988년 알카에다 결성 이후 미군이 1991년 걸프전을 계기로 사우디아라비아의 이슬람 성지 메카Mecca와 메디나Medina에 군대를 주둔시킨 것에 반발, 사우디 왕실과의 관계가 틀어졌고 동시에 반미 성향을 갖게 되었다. 이후 오사마는 모든 이슬람 무장 조직을 합병하고 '무슬림의 대의명분을 옹호할 아랍군'창건을 계획한 뒤 2001년 9·11테러 자행을 통해 존재를 드러낸 것이다. 최근에는 오사마 빈 라덴의 아들인 함자 빈 라덴이 새로운 인물로 부상하면서 활동을 강화하고 있다고 한다.

알카에다·ISIS, 대표적인 국제테러단체

2020년 5월 현재 미국의 테러단체 명단에 올라 있는 조직은 60여 개이며, 대표적인 국제테러단체로는 이슬람 극단주의 무장 단체인 알카에다와 ISIS 두 단체를 들 수 있다. 2011년 오사마 사망으로 알카에다 세력이 약해지면서 ISIS 중심으로 세력이 재편되었으나, 최근 미국을 중심으로 한 동맹군의 공격으로 쇠락하고 있는 상황이다. 알카에다의 경우 전성기에는 아라비아반도, 북아프리카, 이라크, 파키스탄, 아프가니스탄 등 40여 개국에 지부를 두었고 동남아와 아프리카 등 65개국에 연계 조직이 있었다.

수니파 무장조직인 ISIS역시 2014년 결성 후 중동과 북아프리카뿐만 아니라 아시아로도 세력을 확장해 왔으며, 실질적 거점인 시리아와 이라크를 포함해 전 세계 12개국에 본부 또는 지부를 두고 있다. 또한 나이지리아의 '보코하람', 이집트의 '안사르 베이트 알 마크디스', 알제리의 '준드 알 칼리파'를 포함하여 파키스탄, 아프가니스탄, 인도네시아, 필리핀 등의 국가에서 ISIS에 충성을 맹세한 단체가 반군으로서 등장하고 있다. 이들 단체 대부분은 알카에다가 전성기 시절 연계 세력으로 이름을 알린 조직이지만, 알카에다 세력이 위축되자 새로운 강자인 ISIS에 충성을 맹세한 것이다.

특히, 필리핀에서는 ISIS에 충성을 맹세한 단체(아부사야프, 마우테)가 정부와 대립하게 되면서 최근 활동지역인 민다나오섬에 계엄령이 선포된 상황이다. 리비아는 ISIS의 거점국가로서 지난주 발생한 영국 맨체스터 공연장 테러범의 출생지이기도 하며 인접국인 튀니지, 알제리 등은 외국인 전투원의 주요 공급처가 되고 있다. 이처럼 테러조직들도 서로 협력하면서도 상황과 개인적 야욕에 따라 경쟁적, 적대적으로 변모하고 있다. 즉, 냉엄한 힘의 질서가 작용한다고 볼 수 있다.

'프랜차이즈식 네트워크' 통해 교류

이슬람 극단주의 테러집단들은 이런 방식을 통해 서로 네트워크를 형성하고 연대의식을 갖는 등 결속하고 있다. 즉, 개개인의 테러리스트가 모여 무리를 형성하고 이들이 더 큰 무리를 형성하여 알카에다와 ISIS과 같은 보다 큰 규모의 네트워크 형태로 결합하고 있는 것이다. 그래서 이들의 조직 또는 구성 형태를 '프랜차이즈식 네트워크'라고 부른다. 이들의 관계는 마케팅 구조에서 볼 수 있는 일종의 보호자와 의뢰인의 관계이다. 본부회사franchisor는 자신들의 상표·상호의 사용권이나, 제품의 임대 또는 매매권 등을 가맹점franchisee에게 주고 그에 따른 적정의 수수료를 받는 계약과 같은 것이다.

알카에다, ISIS과 같은 리더 그룹은 하위 지역그룹에게 전략·전술적 지도, 보안과 보호, 영적 또는 심리적 지도, 그리고 물질과 재정적인 지원을 제공하고, 하위 지역그룹은 그 대가로 충성을 제공하며 리더 그룹의 요구 시 군사적인 또는 전략적인 지원을 제공하는 방식이다. 다시 말해, 일종의 테러 네트워크를 결성하고 알카에다와 ISIS은 테러단체들의 허브hub 역할을 하는 것이다. 알카에다의 전 지도자 오사마 빈 라덴과 ISIS의 지도자였던 알 바그다디는 테러 네트워크에서 모든 구성원의 보호자인 것이다. 따라서 테러 단체는 보호자와 의뢰인 간 연결 관계의 집합처럼 다양한 채널에 의해 긴밀히 연결되며, 네트워크 형태로 진화한다고 할 수 있다.

자생 테러리즘에 영향

이러한 현상은 최근 미국이나 유럽 등의 국가에서 중요한 위협으로 여겨지는 이슬람권 이민자들이나 이들의 2,3세대 자녀들에 의해 자행되는 '자생 테러리즘'에도 영향을 미치고 있다. 즉, 서방사회에 환멸을 느껴 표류하고 있는 무슬림 젊은이들이 모스크이슬람 사원에 모여 함께 교리를 공부하면서 친밀한 관계로 연결될 수 있고, 결혼을 통해 가족관계를 형성할 수도 있다. 또한, 여타 테러조직들, 마약 밀매자들, 폭탄 제조자들, 또는 돈세탁 전문가들이 필요에 따라 공조의 경험을 통해 친분 관계를 형성할 수 있는 것이다. 최근 발생한 영국 맨체스터 공연장 테러범의 공범들도 가족들이 포함된 '패밀리형 네트워크'라는 것도 이런 맥락에서 분석할 수 있다.

따라서, '오늘날 무장 테러단체들이 어떻게 결합되어 있으며, 이들 사이의 네트워크를 어떻게 분석해야 하는가?' 등 테러와 관련된 문제를 네트워크를 통해 이해하는 것은 향후 테러 위협에 대응하고 대테러전략을 수립하는 데 무엇보다 중요한 요소라 할 수 있다.

테러리스트, 경제성과 접근성을 우선한다

- 주요 테러 수단과 방법 -

'한국 = 테러 청정국' 방심은 금물

테러리스트, 경제성·접근성 최우선
주체와 대상 모호해진 무차별적 폭력
수단·방법도 국경 장벽 없이 글로벌화

알카에다 테러단체가 자행했던 9·11테러는 어떻게 테러 공격의 효과를 극대화할 수 있는지를 여실히 보여준 사건이었다. 납치범들은 비행 승무원들과 승객들에게 후추 스프레이를 뿌려 조종석에서 멀리 떨어지게 하고 커터칼과 몽둥이를 휘둘러 항공기를 수중에 넣었다.

9·11테러, 비용 대비 인명 살상·공포 효과 커

그것은 지금까지 자행된 테러 공격 중 비용 대비 가장 효과적인 테러였다. 불과 19명의 납치범과 50만 달러의 예산으로 3000명에 가까운 시민들의 희생을 가져왔고 미국사회에 영원히 지워지지 않을 상처를 남겼기 때문이다. 자살폭탄 테러나 독극물 테러도 마찬가지이다. 이러한 테러 방법을 경제적 관점에서 손익 분석을 해보면 '인명 살상과 공포 효과의 극대화'라는 측면에서 매우 효율적인 테러 공격으로 볼 수 있다. 테러단체들도 이런 이점을 잘 알고 있다. 알카에다의 실질적인 지도자인 '아이만 알 자와히리'는 "순교작전자살폭탄 테러의 방법은 저비용으로 적에게 큰 피해를 주는 가장 효과적인 방식이다"라고 말하기도 했다. 2004년에 발생했던 스페인 마드리드 테러는 우리 돈으로 환산하면 3000만 원, 2005년 영국 런던 지하철 테러는 고작 100만 원의 비용이 소요됐을 뿐이다.

차량돌진 테러, 저렴하고 손쉬운 신종 테러

최근 급증하고 있는 '차량돌진 테러' 역시 가장 저렴하고 손쉬운 신종 테러 유형이다. 2016년 하반기부터 현재까지 발생한 차량돌진 테러는 총 일곱 차례였으며, 이 중 올해 영국 내에서만 2건의 차량돌진 테러가 발생했다. 지난 3월 영국 런던 국회의사당 부근 다리에서 발생한 차량돌진 테러는 단 82초가 걸렸지만, 이 짧은 시간에 3명이 목숨을 잃고 50명이 다치는 참극이 벌어졌다. 범인은 렌트한 승용차를 이용하여 시속 60㎞ 속도로 다리

230m를 질주했다. 어디에서나 쉽게 준비할 수 있는 새로운 테러 방법이다.

압력솥 이용한 보스턴마라톤 폭탄테러

2017년 개봉한 미국 영화 '패트리어트 데이'는 미국 국경일인 2013년 4월 15일 3명이 사망하고 180여 명이 부상을 입은 실화 '보스턴마라톤 폭탄테러'를 배경으로 만들어진 영화이다. 보스턴 테러에 사용된 폭탄은 압력솥 안에 장약을 넣고 디지털 시계를 이용해 만든 뇌관을 뚜껑에 설치하는 방식으로 제작된 급조폭발물IED이다. 압력솥 안에는 쇠 구슬과 금속 조각이 들어 있었으며, 검정색 더블백에 담겨 결승선 근처 도로 위에 놓여 있었다.

드라이아이스 폭탄, 저렴한 비용·제작 방법은 단순

지난 2013년 LA 국제공항에서는 '드라이아이스 폭탄'이 폭발한 사례도 있다. 플라스틱 물병이나 음료수병에 이산화탄소가 고체화된 드라이아이스를 넣고 밀봉한 것으로, 상온에 노출된 드라이아이스가 기화하면서 폭발하도록 제작된 것이다. 중학생 수준의 화학 지식과 어디서나 쉽게 구할 수 있는 드라이아이스와 페트병만으로도 쉽게 만들 수 있는 강력한 폭발물이다. 테러리스트 입장에서는 저렴한 비용과 단순한 제작 방법 등 다수의 장점을 가진 매력적인 무기이다.

자발적 '자생 테러리스트' 증가

이처럼 테러의 수단과 방법은 우리가 예측할 수 없을 정도로 진화를 거듭하고 있다. 테러리스트들이 테러 자행 전 우선으로 고려하는 것은 바로 경제성과 접근성이다. 이는 재정 상태가 열악한 알카에다, ISIS, 하마스, 헤즈볼라와 같은 비국가적 테러단체들 입장에서 선택할 수 있는 최선의 방법이기 때문이다. 즉, 자폭테러와 IED 테러의 경우 최첨단 무기를 보유한 선진국에 맞선 테러단체의 저비용 공격방식인 것이다.

과거 전통적인 테러가 '정치·사회적 목적으로 정부나 시민들을 협박·강요하기 위해 사람이나 재산에 가하는 불법적인 폭력'을 의미했다면, 최근의 테러는 '주체도 대상도 모호한 전쟁과도 같은 무차별적 폭력'을 의미하고 있다. 특히, 이슬람 과격단체들에 의해 조직적으로 자행되는 종교적 극단주의에 근거한 테러는 물론, 인터넷을 통해 자발적으로 활동하는 이른바, '자생home grown 테러리스트'가 증가하고 있다. 대표적 사례로 2011년 미국 뉴저지주 미군기지인 포트딕스에서 자동소총을 이용해 미군을 살해할 음모를 꾸민 혐의로 유죄판결을 받은 6명의 남성은 알바니아계 이민자로 1980년대부터 미국에서 살아온 피자 배달원, 택시운전사, 인테리어 업자였는데, 평소 힙합에 심취하고 아랍어도 할 줄 모르는 평범한 시민이었다. 이들은 테러 훈련 캠프에는 가보지도 않았지만 인터넷을 통해 사제폭발물 제조법과 테러 수법을 배우고, 테러 선동 비디오를 접한 뒤 테러리스트가 되었다. 이와 관련, 美 중앙정보국CIA은 지난해 '최근 5년간 서구에서 발생한 테러 모의 사건의 80%가 해외 또는 전문 테러조직과 연계되지 않은 자생 테러그룹에 의한 것'이라고 분석했다. 특히, 최근 테러단체ISIS 등는 존재감을 과시하기 위해 온라인을 이용하여 서방에 거주하는 외로운 늑대들에게 자국에서의 테러를 선동하는 전술을 강화하고 있는 실정이다.

국가 테러대응체계 수행할 전문가 양성 필요

이처럼 테러의 수단과 방법은 끊임없이 변화하고 있으며, 국경과 장벽도 없이 글로벌화 되었다. 더구나 오늘날은 테러의 대상이 개인이나 사회의 범주를 넘어 국가 간의 분쟁과 대리전쟁의 형태로 나타나고 있다는 것에 문제의 심각성이 있다. 테러에 대한 적절한 원인 진단, 해법 모색, 대응 노력 등이 부족할 경우, 테러와의 전쟁은 영원히 끝나지 않을 것이다. 우리나라도 '테러 청정국'이라는 방심은 금물이다. 테러 예방 및 신속하고 체계적인 대응을 위해 국가 테러대응체계를 지속적으로 보완·발전시켜야 하고, 이를 수행할 수 있는 전문가 양성에 힘을 쏟아야 할 것이다. 그러나 무엇보다 중요한 것은 따뜻하고 열린 사회, 東과 西를 아우르는 상생과 공존, 갈등과 대립 해소가 테러를 방지하고 평화를 실현하는 출발점이라고 할 수 있다.

테러, 왜 유럽에서 증가하나?
증오와 혐오대신 공존공영의 길로

불평등과 차별, 무시와 소외를 해소하는 국가적 정책에 노력이 집중돼야 테러 해결

테러라는 형태의 폭력이 냉전도 끝나고, 더구나 세계의 주요 국가 간의 대규모적인 군사적 전면전의 가능성이 점점 줄어드는 오늘날에도 오히려 증가하고 있는 것은 우리에게 큰 의문이다.

특히 사람들은 왜 최근 유럽에서 테러가 심해지는지 궁금해 한다. 유럽에서 테러가 증가하는 이유는 다양하지만 일반적인 분석은 두 가지를 들고 있다.

첫 번째는 난민을 많이 받아들였기 때문에 테러범들도 그만큼 늘어났다는 난민설이고 두 번째는 이슬람은 테러를 부추기는 종교이기 때문에 이슬람이 퍼지면서 테러도 같이 확산된다는 이슬람설이다. 그러나 둘 다 이해는 되지만 결정적 원인으로서 근거는 약하다.

아이러니하게도 테러범 중에는 난민이 거의 없다. 프랑스 정치학자 Olivier Roy는 프랑스와 벨기에의 테러범과 테러와 관련된 용의자들을 프로파일 한 바 있는데, 그 결과 85%가 이민자 2세대였다.

이민자 2세대는 프랑스나 벨기에와 같은 유럽에서 태어나 그 나라의 교육을 받은 사람들로 엄격한 의미에서 난민과는 다르다. 따라서 잠재적 테러범의 대부분은 새로 유입되는 난민보다는 유럽에서 태어나 자란 이민자들이라 할 수 있다.

두 번째 이유로 이슬람 때문에 테러가 일어난다는 주장 역시 많은 테러리스트 경우 이슬람 극단주의 이념에 감화된 자들의 소행이라는 점에서 타당성도 있지만 무조건 일반화시키기에는 무리한 분석이다.

지금 이슬람 인구는 세계인구 65억 가운데 약 15억으로 추정되고 있다. 바야흐로 이슬람은 세계에서 가장 큰 종교로 부상하고 있다. 더구나 이슬람이 지향하는 종교적 이념은 평화이다. 테러범의 대부분은 무슬림이지만, 그렇다고 무슬림 전체가 테러리스트는 될 수는 없는 것이다.

좀 더 살펴보면 테러의 폭력은 매우 보수적인 색채의 소수 극단적 근본주의 무슬림들이 주동이 되어 활동한다고 할 수 있다. 그들은 폭력을 하나의 수단으로 밖에 생각하지 않는다.

그래서 유럽에 있는 이슬람교도들의 99%는 ISIS를 인정하지 않는다. 유럽 이슬람 계에서 ISIS는 아주 급진적인 이단아로 취급되고 있다. 폭력적 극단주의는 이슬람의 이미지를 먹칠하기 때문이다.

그러면 왜 유럽의 젊은이들은 ISIS 같은 이단에 빠질까? 이슬람에 대해서 너무 잘 알고 있어서 ISIS에 빠지는 것이 아니라 이슬람에 대해서 너무 몰라서 빠진다는 게 전문가들의 분석이다. 젊은이들의 종교적인 기반이 너무 취약함을 말하는 것이다.

그러나 앞의 두 가지 원인보다 실제적 분석은 '정체성에 대한 혼란'이다. 유럽사회에서 이민자 배경을 가진 인구비율은 최근 5년 간 무려 21%가 증가하였다. 꿈과 희망을 찾아왔지만 정작 그들 대부분은 자신의 민족적 기반과 자라온 환경적 기반, 서로 다른 문화 사이에서 방황하며 정체성을 제대로 갖추지 못한 현실에 직면해 있다.

프랑스의 문명비평가 '기 소르망'은 유럽 테러의 원인은 전염병과 같은 유럽 젊은이들의 '허무주의'에 있다며, 유럽 정부들의 노력을 강조했다. 소외계층으로 경범죄를 저지르거나 마약을 하거나 자살할 생각을 갖고 있던 허무주의자는 폭력적 자극에 취약하다.

방황하는 젊은이들에게 다시 태어나 born again 대의를 위해서 싸우는 투사가 되길 부추기는 것은 그들이 극단화 될 수 있는 통로이다. 정치적, 종교적인 이념도 원인이 되지만 그것보다는 소외와 차별을 받으며 주변인으로 살아야하는 유럽의 사회적 환경이 문제라고 할 수 있다.

어쩌면 ISIS는 파괴 욕구를 부추기는 것이 아니라 이미 파괴 욕구를 갖춘 사람들에게 조직을 통해서 파괴력을 주는 것인지 모른다. 그래서 유럽에서 일어난 테러의 이유를 '이슬람의 급진화'보다는 '범죄의 이슬람화'에서 찾아야 한다는 주장은 어느 정도 타당한 지적이다.

우리가 지금처럼 유럽 테러를 이슬람 급진화의 문제라는 방향에서만 생각한다면 이슬람에 대한 공포감은 증가하고, 무슬림들은 모두 잠재적인 테러범이 될 뿐이다. 이로 인한 이슬람혐오증과 극우 지지는 반反이슬람의 감정을 부추기게 될 것이다.

결국 유럽의 테러 해결은 강력한 대테러정책과, 난민억제와 같은 원론적 처방보다는 그들을 벼랑에 서게 하는 불평등과 차별, 그리고 무시와 소외를 해소하는 국가적 정책에 노력이 집중돼야 한다.

반 이슬람 감정을 완화하면서 테러에 좀 더 이성적으로 대처하는 것은 증오와 혐오로 점철된 문명 간의 또 다른 충돌을 방지 할 수 유일한 방안이다.

ISIS의 인간방패전술은 전쟁범죄이며 절름발이 평화다

국제인도주의법의 이념

전쟁에서도 민간인의 사상을 최소화하고 예방하기 위한 조치를 꼭 취해야 하는 게 국제인도주의법의 이념이다

고대 로마의 정치가인 J.카이사르가 고대 갈리아 전쟁에 대해 기록한 대표적인 전쟁문학서 <갈리아 전기>에는 "인질제"라는 것이 있다. 잡은 인질들을 성벽 앞에 내 놓는 건 흔했고 전쟁이 나면 이들 목숨은 당연히 제1순위로 위험해졌다.

2016년 수니파 급진 무장세력 ISIS는 이라크 최후 거점지 모술에서 미국과 국제 동맹군의 공격에 대비해 총알받이로 민간인 수백 명을 사망하

게 했다.

당시 ISIS는 락까 곳곳에 지뢰와 검문소를 설치해 주민들 탈출을 막고 남성들에게 강제로 ISIS 조직원과 같은 옷을 입히는 등 국제동맹군을 교란하는 비인도적 전술을 전개하였다.

수세에 몰림에 따라 현지 민간인과 소년들을 '인간방패'로 이용하기 위해 허리춤에 폭탄물을 두른 7살 남자 어린이가 이라크 정부군에 의해 발견됐는데, 모술 방어를 위한 자살폭탄 테러에 어린이들까지 동원한 것이다.

그래서 이라크군이 국제동맹군의 공습 지원을 받으며 탈환 작전을 수행 중인 모술은 서부 구도심에 갇힌 민간인 탓에 진격에 제동이 걸리기도 했다.

ISIS의 비인도적 인간방패 작전은 곧바로 대규모 인명피해로 이어질 수밖에 없다. 주민들은 매일 이어지는 공습으로 죽음의 공포에 떨고 있으며, 국제동맹군의 공습 과정에서 발생한 오폭으로 민간인 피해가 증가하고 있는 것이다. 더구나 주민들이 공습, 지뢰, 민간인에 섞인 ISIS 조직원 사이에 갇혀 어디로 가야 할지 혼란에 빠져 있는 상황이다.

'인간방패Human Shields'는 전쟁 중에 궁지에 몰린 쪽에서 비무장 민간인이나 노약자·어린이 등을 상대방의 공격지점에 내세워 방패로 활용하는 것을 말하거나 전쟁을 중지시키기 위해 반전·평화운동 가들이 전쟁이 벌어질 장소에 가서 방패 역할을 하는 것을 말한다.

역사적으로 보면 2차 대전 당시에도 영미공군의 공습을 피하기 위해 독일이 점령국 민간인들을 방패막이로 세우기도 하였고, 일본군도 비슷한 전술을 사용하였다. 그러나 오늘날 점령국 민간인들을 인간방패로 사용하는 것은 명백히 제네바협약에 저촉되는 일이다.

전쟁포로에 관해 통용되는 국제법규는 '전쟁포로의 대우에 관한 제네바 3협약'이다. 이 협약은 전쟁 희생자들을 보호할 목적으로 1864~1949년 스위스 제네바에서 체결된 일련의 국제조약이다.

이 협약은 4개 분야로 구성돼 있으며, 세 번째가 전쟁포로의 대우에 관한 조약이다. 제네바 3협약의 주요내용은 포로가 되는자, 포로의 권리, 포로의 의무, 그리고 포로 허가사항 등으로 구분된다.

이에 따르면 전쟁포로는 어떤 때에도 항상 인도적으로 대우받아야 하며 인간적 존엄성이 손상되어서는 안된다. 음식과 구호품을 제공해야 하고, 정보를 알아내기 위해 압박을 가해서도 안된다. 특히 전쟁포로는 항상 보호받아야 하며 특히 폭력과 위협, 모욕과 공중의 호기심으로부터 보호받아야 한다. 전쟁포로에 대한 보복 조치도 금지된다.

또한 반전운동의 일환으로 인간방패를 지원하는 단체도 있다. 진실·정의·평화를 위한 '인간방패JUSTICE & PEACE'단체이다. 이 단체는 미국의 이라크 공습에 대비해 생겨난 단체이다. 이외에 영국 런던에 본부를 둔 '인간방패프로그램HSP'과 '이라크 평화팀IPT'도 있다.

분명 ISIS 격퇴는 세계평화를 위해서 신속히 이루어져야 할 사항이었지만, 민간인 피해는 딜레마적 상황이었다. 최근 국제 앰네스티 등 국제 인권단체와 교황 등은 ISIS 격퇴 작전 중 민간인 피해를 최소화해야 한다고 촉구했었다. ISIS 역시 선전매체를 통해 국제동맹군의 폭격으로 민간인이 죽었다면서 모술 서부의 현장 사진을 인터넷으로 유포하는 여론전을 벌이곤 했다.

국제동맹군이 군사적 성과에만 사로잡혀 대규모 인명 피해를 낸다면 작전의 정당성이 훼손되고 국제사회의 비난 여론에 직면할 수 있는 딜레마적 상황이다. 전쟁에서도 민간인의 사상을 최소화하고 예방하기 위한 조치를 꼭 취해야 하는 게 국제인도주의법의 이념이기 때문이다. 결국 전쟁에서 승리는 필요하지만, 생명경시는 전쟁범죄이며, 절름발이 평화이다.

제3부

테러
저지 할 수 있을까

첨단로봇, 전쟁을 바꾼다

- 미래군사작전 -

첨단 로봇 전쟁을 바꾸다

"정확한 타격으로 인명 피해 최소화" vs "통제 불가능한 무한 전쟁시대 올 것"

2004년 개봉한 영화 '아이 로봇I, Robot'의 한 장면.

최근 러시아에서는 양손에 권총을 들고 표적에 정확히 사격을 가하는 로봇 동영상이 공개된 바 있다. 해당 영상에서는 로봇 전차와 드론이 군사 훈련을 하는 모습도 볼 수 있다. 이는 미래 전쟁에서 로봇이 인간을 대체하여 군사작전을 수행할 가능성이 점차 커지고 있음을 보여주고 있다.

세계미래학회 "첨단기계, 악용될 수 있다"

지난해 세계미래학회가 발표한 '미래 전망 특별보고서'에는 감정이 없는 첨단기계가 악용되어 인류에 손해를 끼칠 수 있다는 어두운 청사진을 제시하고 있다. 특히, 테러리스트들은 휴대가 어렵고 보안검색대 통과가 힘든 공격 무기 대신 무인자동차, 드론, 킬러 로봇 등과 같은 대체 공격수단을 이용하여 새롭고 다양한 형태의 테러를 자행할 것으로 예측하고 있다.

또한, 경제적 측면에서도 인공지능 무기는 매우 매력적이다. 위성항법장치GPS와 자동조종 시스템을 탑재한 소형 비행로봇을 제작하는 데 겨우 490달러약 55만7000원가 소요된다고 한다. 그렇기에 테러리스트들에게 '로봇'은 매력적인 테러 공격 수단이다.

인류의 마지막 발명품이라 할 수 있는 인공지능기술이 이제는 '전쟁이나 테러'의 형태까지도 바꿀 수 있다는 것이다. 이런 측면에서 미국이 테러와의 전쟁에서 테러리스트들의 은신처를 드론으로 공격하고, 무인 정찰기로 적의 동향을 추적·감시하는 것은 인공지능 전쟁의 서막에 불과할 뿐이다. 현

일본에서 개발한 킬러 로봇 'KURATAS'.

재 미국 등 40여 개 주요 국가는 스스로 판단하고 행동해 전장의 최전선에서 인간이 할 수 없는 임무를 대신 수행하는 초인공지능형ASI 군사용 로봇 개발에 경쟁을 벌이고 있다.

미국, 무인무기 시스템에 6조 원 투자

미국은 2016년 한 해에만 무인무기 시스템 개발을 위해 연방정부 예산 53억 달러약 6조2345억 원를 투입하였다. 그 결과, 드론을 이용한 폭발물 탐지·해체, 특정 지역의 감시 및 정찰활동, 전자 통신망 교란, 미사일의 목표물 유도 등 군사작전의 핵심 임무에 운용하고 있다.

그러나 미래의 로봇전쟁을 놓고는 평가가 둘로 나뉜다. 전문가들은 일반적으로 '로봇이 전투를 수행하면 첨단기능으로 특정 목표물을 정확하게 타격하기 때문에 오폭이 감소하여 전쟁으로 인한 인명피해도 최소화된다'고 분석하고 있다. 반면, '일부 국가의 지도자들은 적국이나 분쟁 대상국 등을 겨냥해 외교를 포기한 채 로봇 등 무인무기를 동원한 군사적 해결방식에만 의존할 가능성이 크기 때문에 킬러 로봇 개발 경쟁을 중단하지 않으면 통제 불능의 무한 전쟁시대가 올 수 있다'고 경고하는 시각도 있다.

어떤 경우든지 미래에는 인공지능을 악용한 전투 로봇이 인간을 공격하는 일이 벌어질 수 있다는 데에 인공지능과 관련한 고민이 있는 것이다. 만약, 테러리스트가 인공지능을 갖춘 드론, 자동차 그리고 킬러 로봇 등에게 테러 학습을 시킨 후 고성능 화생방 무기로 공격하는 상황이 발생한다면 그 피해는 상상하기조차 꺼려지는 끔찍한 상황이 될 것이다. 어쩌면 다가올 미래에는 '외로운 늑대'의 공격 대신 '외로운 로봇'의 공격에 대비해야 할지도 모른다.

자동화된 인공지능, 사이버전 뛰어넘는 무서운 무기

이미 현실로 나타난 사이버전의 경우, 전쟁의 3대 구성요소라 할 수 있는 군인과 무기, 전쟁터라는 조건을 필요 없게 만들고 있다. 오직 컴퓨터 전문가 혼자서 컴퓨터와 인터넷만 가지고도 해킹으로 특정 도시의 기반시설을 파괴하고, 증권시장 및 금융권을 마비시키거나 전력 시스템을 단숨에 파괴할 수 있다는 것은 미래 전쟁의 한 단면을 여실히 보여준다. 그러나 인공지능 무기는 그 자체만으로 다중이용시설을 공격할 수 있다는 점에서 사이버전을 뛰어넘는 무서운 무기가 될 수 있다.

더구나 인공지능 기술이 고도화되고 자동화 수준이 높아지면 더 이상의 통제가 어려워 심각한 사회·윤리적 문제도 발생할 수 있다. 전쟁을 막는 최후의 보루로서 인간의 이성적 윤리의식이 작용하게 되는데, 기계인 로봇은 감정이 없어 한 번 내린 명령을 변경하지 않는 한 자체적으로 전쟁을 중단하는 것은 불가능하다. 특히 해킹을 당하기라도 한다면 로봇은 통제할 수 없는 완벽한 '범죄 기계'로 작동되어 그 결과는 더 심각해질 수밖에 없게 된다.

선진 군사능력으로 대비해야

군사용 로봇 개발에 가장 먼저 뛰어든 이스라엘은 향후 5~10년 뒤 자국 전체 무기의 1/3이 로봇화될 것으로 전망했다. 최근에는 신종 코로나 바이러스 감염증코로나 19과 같은 '비전통적' 위협으로부터 군전력 유지를 위해 무인전투기와 전투로봇 등 군대의 무인체계 개발이 활발히 진행되고 있다. 기존에 사람이 조종하던 단순 무선조종 무기에서 벗어나 인공지능AI이 탑재되 스스로 전장 상황을 파악하고 인간 군인과 함께 협력전을 이어나갈 수 있는 로봇 무기의 탄생도 눈앞으로 다가오고 있다. 우리나라도 세계적인 추세에 대비해야 함은 물론, 강대국들 사이에 위치한 지정학적 특성상 국가안보를 지키기 위해서는 선진 군사능력을 필수적으로 보유해야 한다. 한편, 관련된 연구개발에 앞서 전투 로봇·인공지능 무기 사용에 대한 윤리의식을 정립해야 하겠고, 법률·제도적 장치도 마련해야 할 것이다.

끊이지 않는 백색테러의 위협

"행위주체가 극우" 무차별 테러에 막대한 희생 따라

백색테러 단체 'KKK' '카흐'

사적인 이해관계 등이 아닌

정치적 목적이 개입된 조직

암살·파괴 등 일삼는 우익세력

역사상 '최악의 인종차별'지지

위정자가 반체제 측에 가하는 탄압

지나친 좌우 다툼, 국민 민생 해결할 수 없다

샬러츠빌 백인우월주의자 시위

지난 2011년 7월 발생한 노르웨이 오슬로 정부청사 테러 현장.

1986년 미국의 명배우 '제프 브리지스'가 주연을 맡아 연기한 '죽음의 백색 테러단'이란 영화가 있었다. 대학에서 테러리즘을 강의하는 한 교수가 우연히 이웃집에 사는 부부가 무서운 테러리스트들이라는 사실을 알게 되고, 그들의 테러 계획을 막으려 동분서주하지만 그만 그들의 음모에 휩싸여 이용당하고 만다는 스토리다.

최근 '백색테러'에 대한 관심이 높아지고 있다. '백색테러'는 정치적 목적 달성을 위해 암살과 파괴 등을 일삼는 우익세력의 테러를 말한다. 사적인 이해관계 등에 의한 살인이나 폭력이 아닌 정치적 목적이 개입된 조직적인 행위다. 행위 주체가 극우 또는 우익으로 대표된다는 점에서는 좌익에 의한 테러인 '적색테러'와 구별된다.

'백색테러'의 백색은 프랑스 왕권의 상징인 백합에서 유래했다. 백색테러는 1795년 프랑스혁명 당시 혁명파에 대한 왕당파의 조직적 보복을 가리키는 말이었는데 후에 반혁명 측이 혁명 측에, 또는 위정자가 반체제 측에 가하는 탄압을 뜻하게 됐다.

1815년 나폴레옹 실각 이후 루이 왕조가 반대파인 보나파르트파를 탄압한 것과 1871년 베르사유파가 파리 시민과 노동자들의 혁명이 실패하자 이들에 대해 보복성 대량 학살을 자행한 것이 이에 해당한다고 할 수 있다.

대중에게 널리 알려진 백색테러 단체로는 'KKKKu Klux Klan'가 꼽힌다. 하얀 고깔모자와 불타는 나무 십자가를 상징으로 하는 역사상 최악의 인종차별 단체다. 1970년대 이후 세력이 크게 줄었지만, 아직도 미국 내 22개 주에 42개 지부가 활동하면서 유색 인종에 대한 혐오를 확산시키는 중이다. 점조직 형태로 운영되는 KKK는 불과 몇 달 전 미국 버지니아주 샬러츠빌에서 발생한 백인우월주의자들의 대규모 폭력 시위를 주도하기도 했다.

하얀 고깔모자와 불타는 나무 십자가를 상징으로 하는 역사상 최악의 인종차별 단체 KKKKu Klux Klan.

이외에 '카흐Kach'라는 극우단체는 1994년 2월 이스라엘 헤브론의 한 이슬람 사원에서 30여 명의 팔레스타인인을 살해했다. 이들은 이스라엘 영토 내에서 모든 팔레스타인을 축출하는 것을 목표로 아랍인들에게 테러를 자행한 것이다.

2011년 7월 22일, 노르웨이 역사상 가장 참혹한 테러가 발생했다. 오슬로 정부청사에서 폭탄이 터져 수십 명이 죽거나 다친 것이다. 그러나 이는 서막에 불과했다. 2시간여 뒤 오슬로 근교에 위치한 우퇴위아 섬에서 무자비한 총기 난사로 수백 명의 사상자가 발생했다. 당시 우퇴위아 섬에는 노동당 청소년 정치캠프가 개설됐고 다음날로 예정된 스톨텐베르그 총리의 연설을 듣기 위해 700여 명이 모여 있었다.

두 테러를 장기간 계획하고 실행에 옮긴 브레이비크당시 32세는 무슬림을 증오하고 다문화를 배격해 온 극우주의자였다. 테러 혐의로 기소된 브레이비크는 법정에서 "나의 행동은 무슬림에 의해 식민지화돼 가는 유럽을 구하고, 다문화 사회를 지향하는 국가 반역자에 대항하기 위한 방어 차원의 공격이었다"며 무죄를 주장했다.

요즘 스페인 하면 산티아고 순례길을 떠올리지만, 스페인 국민들에게는 스페인 내전1936~1939이라는 가슴 아픈 역사가 있었다. 많은 내전이 그러하듯 스페인 내전에서도 전쟁터보다는 전장 밖에서 더 참혹한 싸움이 벌어졌다. 전쟁 당사자 양측이 장악한 지역 모두에서 테러 광풍이 몰아쳤고, 이로 인해 막대한 인명이 희생됐다.

도시와 마을에서는 공화정부 관리와 그 지지자들, 노조 가입자 등에 대한 무차별적 '백색테러'가 자행됐다. 반면, 공화정부가 지지하던 지역에서는 무정부주의자들의 주도로 교회와 성직자, 지주와 우파 지지자들에 대한 '적색테러'가 자행됐다. 이처럼 스페인 내전은 백색테러와 적색테러, 내부의 적에 대한 테러로 점철됐다. 이는 적赤과 백白의 양 극단에 위치한 두 정치 세력이 상대편의 이미지를 조작함으로써 자신들의 힘을 키우려 했기 때문에 발생한 것이다.

프랑스 소설가 생텍쥐페리는 스페인 내전에 대해 '백색테러와 같은 내전은 전쟁이 아니라 병病이다. 적敵이 내 안에 있고, 사람들은 결국 자기 자신과 싸운다'고 말했다. 그만큼 스페인 내전은 해외가 아닌 자국 영토 내에서 일어난 비극적 전쟁이었다.

'백색테러'의 시원始源으로 꼽히는 프랑스는 대혁명 뒤 100년 동안 혼란을 겪었지만, 이제는 선거연대나 정치적 이해에 따른 거래가 아닌, 좌우의 상호 협약을 중시하는 국가가 됐다. 좌파는 좌파의 가치로 돌아가고, 우파는 우파의 가치에 충실하되 극우화를 경계하고 있다. 이는 지나친 좌우의 다툼으로는 국민의 민생을 해결할 수 없다는 사실을 역사를 통해 경험했기 때문이다.

우리나라에서 일하는 외국인 노동자 수가 100만 명을 넘어선 반면, 청년 실업률은 지속적으로 증가하고 있다. 이런 상황에서 취업·경제난 등의 원인을 외부에서만 찾으려는 개개인의 성향이 축적될수록 우리 사회는 더욱 폭력적으로 변할 것이다. 우리나라에서도 브레이비크와 같은 테러범이 나오지 않을 것이라고 확신할 수 없다. 한시라도 빨리 나와 다름을 인정하는 문화가 정착되길 기원한다.

AI 테러범? 테러의 패러다임이 바뀐다

미래 전쟁과 테러,

인간 아닌 인공지능 로봇에 의해 수행될 수도

'앨빈 토플러' 등 저명한 미래학자들이 회원으로 가입되어 있는 세계미래학회WFS는 「2010~2025 미래전망 20」이라는 특별보고서를 발표한 바 있다. 이 미래보고서의 가장 큰 이슈는 '인공지능AI'이다. 인공지능 기술은 '빠른 계산'을 넘어 '자체적인 사고와 학습'으로 도약중이다. 또한, 최근 미국 국토안보부는 사물인터넷IoT 혹은 IoT를 통한 사이버 공격의 심각성을 인지하고, '사물인터넷 보안을 위한 전략적 원리'라는 성명서를 발간하기도 했다.

내용은 현재의 인공지능, 사물인터넷 보안의 위험을 경고하고, 이에 대한 안보적 측면의 대비책을 강구할 것을 촉구하고 있다. 세계는 이미 인공

이미지=iclickart

지능을 활용한 무기개발에 경쟁적 관심을 기울이고 있어 미래 전쟁과 테러의 형식도 인간이 아닌 로봇에 의해 수행될 것이다. '터미네이터The Terminator' 같은 할리우드 SF영화에서도 AI는 악당으로 등장하고 있다. 앞으로는 테러리스트들도 인공지능 로봇을 악용해 사람들이 가장 많이 모이는 다중이용 시설과 장소를 공격하게 될 지도 모른다.

이처럼 인공지능 기술은 최근 몇 년 사이 급부상하고 있다. 구글의 나우Now나 애플의 시리Siri와 같은 개인 비서영역에서부터 자율주행자동차의 인지·판단 시스템에 이르기까지, 각종 분야에서 기술이 빠르게 접목·확산되면서 인간중시 가치산업 및 지식정보사회를 이끌어 갈 부가가치 창출의 새로운 원천으로 주목받고 있다. 이제 인공지능과 로봇, 그리고 사물인터넷, 무인자동차, 무인항공기 등이 펼쳐갈 미래가 거스를 수 없는 현실이 되어 가고 있는 것이다.

과학자들은 2045년을 기술적 특이점technological singularity으로 예상하면서 이때가 되면 인공지능이 인간지능을 초월하게 될 것이라고 예언하고 있다. 이는 인공지능이 스스로 진화해가면, 미래에 인간이 예측할 수 없는 시점에 이를 수도 있다는 말이다. 물론 단정적으로 말할 수는 없지만, 인공지능과 같은 기술이 지속적으로 발전하면 대변혁을 경험할 수 있다는 것은 자명하다. 컴퓨터가 인간을 지배하는 시대가 공상과학 영화 속의 가상현실이 아니라 바로 우리 눈앞의 현실로 다가온 것이다.

하지만 지능형정보화 시대의 가장 대표적인 인공지능은 인류에 많은 도움을 주지만, 역으로 항상 범죄에 악용될 수도 있다. 그중에는 테러리스트가 인공지능을 이용해 인간을 공격하는 일이 벌어질 수 있다는 점이다. 즉, 테러리스트가 인공지능을 갖춘 드론, 자동차, 그리고 킬러로봇 등에게 테러 학습을 시킨 후에 고성능 화생방 무기로 공격할 수도 있을 것이다. 인공지능과 드론의 결합을 악용한 테러 가능성도 현실화되고 있다. 이미 군사적으로는 미군의 무인기를 이용한 테러 용의자 공격이 아프간이나 이라크에서 일상화되고 있고 테러리스트들도 드론을 악용한 테러를 시도하고 있다.

문제는 지금은 공격목표를 무인기에 입력하는 방식을 취하고 있지만 머지않은 미래에 인간의 얼굴이나 신체적 특성을 입력해서 목표인물이 발견

되면 바로 공격하는 '인공지능 솔저'가 등장하게 될 것이라는 점이다. 더구나 로봇무기 암시장이 생기거나 테러리스트 손에 들어가는 건 시간문제가 될 것이다. 그래서 AI 무기가 핵무기와 달리 비싸지 않고 원재료를 구하기도 쉬워 AK소총처럼 대량생산되어 세계 곳곳에서 사용될 것이란 우려가 나오고 있다.

최근에는 컴퓨터와 뇌과학 기술이 발전하며 AI 산업이 급속도로 커지자 경고의 목소리가 확산되고 있다. "만일 로봇이 해킹을 당하면 자살폭탄기계나 마찬가지이며, 또 '외로운 늑대' 처럼 '외로운 로봇'의 공격도 일어날 수 있다"는 경고다. 그래서 세계적인 물리학자 스티븐 호킹 박사 "AI 무기발전이 화약과 핵무기를 이은 제3의 전쟁혁명으로 이어질 수 있다"고 경고했다.

하지만 인공지능을 활용하면 단순범죄는 물론 대형테러도 충분히 예측할 수 있어 인공지능이 수사기관 및 테러진압 예방에 활용되기도 한다. 가히 테러수단의 패러다임 변화라 할 수 있다. 따라서 인공지능 악용 테러방지를 위한 기술적 능력배양, 법률·제도적 장치 마련, 그리고 국제협력 등을 모색하고 대비해야 한다.

동물·곤충 사이보그와 테러

'살아 있는 드론' 테러 악용을 경계한다

팔·다리 등에 부착된 전극 활용 속도까지 통제
딱정벌레 조종 '하이브리드 로봇' 선보여
美선 후각 뛰어난 나방 활용 폭발물 찾기 이용

카르타고 부대는 기원전에 이미 코끼리 운용
보불전쟁 때 파리 시민 비둘기로 외부와 통신
"동물·곤충, 테러 아닌 평화의 도구로 쓰여야"

미국 버클리대와 싱가포르 난양공대 연구팀은 2015년 살아 있는 딱정벌레를 이용해 사람이 조종하는 '하이브리드 로봇'을 개발했다. 연구팀은 딱정벌레의 뇌, 다리, 날개 등 각 기관에 전극을 연결하고 이를 자극해 딱정벌레를 자유자재로 조종할 수 있었으며, 실험을 통해 이착륙, 이동과 속도 조절 등이 가능한 로봇으로 만드는 데 성공한 것이다.

즉, 컴퓨터로 신호를 보내면 딱정벌레에 부착된 무선 수신장치에서 신호를 받아 팔, 다리 등에 부착된 전극으로 전달된다. 이때 발생한 전류는 딱정벌레의 뇌와 각 기관을 자극해 움직임을 통제할 수 있게 된다. 딱정벌레의 속도까지 통제할 수 있기 때문에 사람이 가기 힘든 전쟁터와 조난·재난 현장 등을 수색하는 데 도움이 될 것으로 기대되며, 딱정벌레 외에 바퀴벌

전극·센서를 장착한 곤충은 살아 있는 드론 역할을 하게 된다.

레나 쥐, 거북이 등을 이용한 동물 조종기술을 비롯해 동물에 전극을 심는 대신 먹이를 주는 방식으로 조종하는 기술도 속속 개발되고 있다.

인공지능AI을 이용한 로봇은 구동을 위한 배터리 삽입 등으로 인해 크기를 축소하는 데 한계가 있으나, 자연 생명체는 스스로 먹이를 먹으면서 끊임없이 행동할 수 있기 때문에 인공지능 로봇의 한계를 뛰어넘는 장점이 있다. 단, 동물·곤충에 기계적 장치를 접목함으로써 발생되는 윤리적 논란만 해결된다면 장래 동물·곤충은 '살아 있는 드론'으로 활용돼 다양한 분야에 투입될 수 있다.

딱정벌레는 이미 초소형으로 만들어져 있는 기성품 로봇으로 볼 수 있다. 에너지 소비도 현용 드론의 100분의 1에 불과하다. 지구상 생물 중 75%를 차지하고 있으며 수백만 년 동안 자연에 순응하며 진화한 곤충의 능력을 활용하는 것이다. 본능적으로 장애물을 회피하는 곤충에게 초소형 카메라나 센서를 부착하면 살아 있는 몸과 로봇이 결합된 '사이보그cyborg'가 되는 것이다.

미 국방부는 2000년대 들어서면서 곤충을 초소형 사이보그로 만드는 연구를 지원했다. 미 코넬대의 데이비드 스턴 교수팀은 2008년 박각시나방에 전극을 심어 조종하는 데 성공했는데, 나방은 후각이 뛰어나 폭발물을 찾는 데 유용하게 사용될 수 있다.

또한, 블라디미르 푸틴 러시아 대통령은 ISIS 등 테러조직에 대항하기 위한 '사이보그 쥐' 개발을 지시했다. 이에 따라 러시아 연구팀은 쥐 뇌에 마이크로칩을 삽입해 폭발물이나 지뢰를 찾는 기술을 연구하고 있다. 쥐는 개처럼 뛰어난 후각을 갖고 있으며, 몸체도 작아 좁은 공간에서 활동이 가능하기에 테러조직들이 건물·차량 등에 설치한 즉석폭발장치IED를 찾아낼 수 있을 것으로 기대하고 있다.

이외에도 인간은 오래전부터 전쟁에 동물을 활용했다. 기원전 202년 자마 전투에서 카르타고의 코끼리 부대는 로마군의 방어진을 뚫고 공격하는 데 동원됐으며, 1차 세계대전 때 오스만 제국은 낙타와 당나귀를 짐을 나르는 데 부렸다. 무선통신이 발달하지 않은 시절에는 비둘기가 통신문을 전달했고, 돌고래는 바다에서 적의 기뢰를 탐색하도록 훈련받기도 했다.

비둘기가 전쟁에 본격적으로 등장한 것은 보불전쟁1870~1871년 때다. 파리가 프러시아군에 포위되자 파리 시민들은 비둘기를 이용해 외부와 통신을 했다. 이런 사실을 알게 된 프러시아군은 비둘기를 잡기 위해 매를 대대적으로 풀기도 했다.

비둘기의 효용성을 과학적으로 설명하자면 비둘기는 부리와 머리 사이에 자성磁性 성분의 특수 세포에서 지구의 자장을 읽어 목적지를 정확하게 찾을 수 있다고 한다. 일종의 'GPS 세포'가 있는 셈이다. 사람들은 이러한 비둘기의 능력으로 인한 귀소본능을 일찍부터 전쟁에 활용했던 것이다.

정찰 목적으로 활용될 잠자리.

심리학자 스키너Burrhus F. Skinner는 동물의 자발적 행동을 분석한 것으로 유명하다. 그는 복잡한 행동도 단순한 동작으로 작게 나눠 단계적으로 학습시키면 동물들도 피아노를 연주하고 탁구를 치거나 문자를 판독하는 것이 가능하다고 설명하고 있다.

동물행동학 분야의 세계적인 석학인 제인 구달 박사는 침팬지와 인간이 밀접한 연관성을 지녔음을 과학적으로 증명했다. 그는 "침팬지 등 동물도 인간처럼 사랑·분노 등의 감정을 지녔고, 도구를 이용할 줄 아는 능력이 있다"며 인간의 자연에 대한 탐욕·오만을 경계했다.

아직까지 동물과 곤충들을 사이보그로 만들어 테러수단으로 활용한 사례는 없다. 또 테러조직이 그러한 능력을 지녔다고 알려진 바도 없다. 하지만 테러조직들이 대형화되고 상호 네트워크로 연결돼 협력·지원하고 있는 추세를 감안한다면 미래 그들이 갖추게 될 능력을 과소평가하는 우를 범해선 안 될 것이다.

봄날 흐드러지게 핀 꽃에는 다양한 곤충이 몰려든다. 자주 보이는 딱정벌레와 처마 밑 비둘기가 미래전쟁과 테러의 탐욕적 도구가 아니라 꿈을 잃어버리고 방황하는 젊은이들에게 희망의 메시지를 전달하고 평화의 도구가 되어 날아가기를 기원한다.

테러단체가 구사하는 선전선동 전략

조작에 가까운 ISIS 선전선동 세계 젊은이 현혹

'사막의 노을, 맛있는 음식'
ISIS, 자생적 테러리스트 포섭·양성 위해
페이스북·트위터·텔레그램 등 소셜 미디어 활용
중동지역의 이국적인 삶 강조해 유혹
히틀러 숭배자 '괴벨스' 선동 전략과 비슷

나치정권에서 히틀러의 오른팔이자 선전선동의 달인이었던 '파울 요제프 괴벨스'는 가장 열광적인 히틀러 숭배자였으며, 나치즘의 화신이었다. 그는 라디오와 TV·영화를 이용한 대중 선동가로 평가를 받았다.

나치 정권의 선전선동 달인 파울 요제프 괴벨스.

탁월한 연설가인 '파울 요제프 괴벨스'는 나치정권의 앞잡이가 돼 히틀러가 정권을 잡는 데 기여했고, 나치가 저지른 주요 범죄제2차 세계대전과 홀로코스트의 핵심 역할을 했다. 당시 아우슈비츠 수용소에 수감된 유대인들은 학살 정책을 주도한 수용소 책임자보다도 괴벨스를 더 증오했다.

"민중은 단순하다. 빵 한 덩이와 왜곡된 정보만 준다면 국가에 충실한 사람으로 만들 수 있다." 이것은 괴벨스가 남긴 유명한 말이다. 히틀러와 괴벨스 두 사람은 뛰어난 '웅변가'이자 탁월한 '대중 선동가'라는 공통점이 있다. 당시 이들이 독일에서 마치 실과 바늘 같은 역할·기능을 했기에 독일 국민이 환호하고 흥분하며 나치스에 열광했던 것이다.

ISIS가 구사하는 '선전선동 전략'은 괴벨스의 전략과 비교할 수 있다. 2015년 ISIS 세력이 전성기를 누리던 시절 세계의 수많은 젊은이들이 이슬람 전사가 되겠다고 국경을 넘었다. 미국 뉴욕에 거주하는 젊은 남성 3명이 ISIS에 가담하려다 수사 당국에 붙잡혔고, 캐나다의 20대 여성도 ISIS에 합류했으며, 영국의 상류층 10대 소녀 3명은 해리포터를 버리고 ISIS에 가담하기 위해 가출했고, 한국인 김모 군도 전사가 되겠다고 시리아 국경을 넘었다.

ISIS 참수 영상 속 '지하디 존'은 런던 중산층 출신이며, 최근 영국 등 세계 곳곳에서 등장하는 자생적 테러리스트 '외로운 늑대'가운데 대다수가 중동지역은 단 한 번도 방문한 적이 없지만, 그곳이 젖과 꿀이 흐르는 새로운 꿈의 땅이라는 기대를 품고 있다.

ISIS가 세계 곳곳의 젊은이들을 유혹한 수단은 무엇이었을까? 많은 정보기관에서는 ISIS의 '선전선동 동영상'이 큰 몫을 한 것으로 분석하고 있다. ISIS는 자신들을 위한 전사戰士나 세계 곳곳의 자생적 테러리스트들을 포섭하기 위해 페이스북·트위터·텔레그램 등 소셜 미디어를 활용하고 있다.

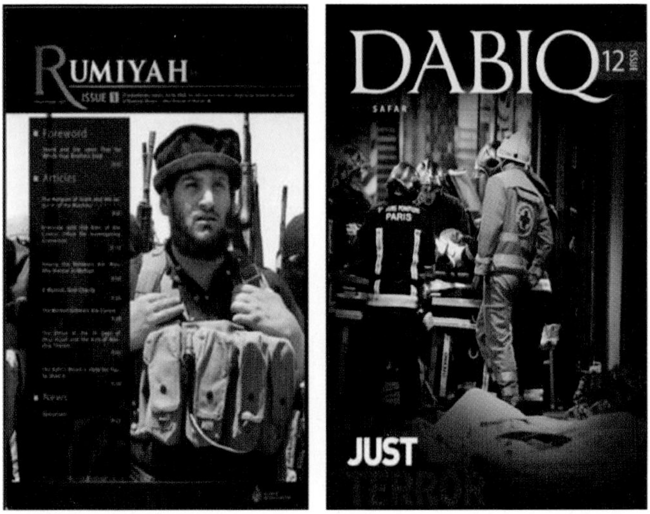

ISIS 매거진 루미야(왼쪽)와 다비크. 필자 제공

이 소셜 미디어를 통해 자신들의 선전·홍보 게시물을 퍼뜨리고 있는 것이다. 평소 막연하게 ISIS를 동경해온 젊은이들이 온라인 선전 웹사이트에 접속, 영상을 본 후 ISIS 가담을 결정하게 되는 것이다.

ISIS의 선전선동용 게시물은 사막의 노을, 맛있는 음식 등 이국적인 삶을 강조하면서 '돈을 벌 필요도, 공부를 할 필요도 없다', '무슬림 전사의 아이를 낳고 그들을 내조하는 것은 매우 중요하고 존경받는 일'이라며 순진한 청년들을 끌어들이고 젊은 여성들을 현혹시키고 있다. 그래서 그들의 선전선동 원리는 설득보다는 오히려 조작에 가깝다.

ISIS는 이러한 방법으로 세계 곳곳에 자생적 테러리스트를 양산하고 더 적극적인 추종자들에게는 원격 조종에 가까운 테러 수행 지시를 내리기도 한다. 최근 미국에서는 ISIS의 소셜 미디어 활용 사례가 알려지면서 테러 피해자 가족이 페이스북과 구글, 트위터를 상대로 소송을 제기하기도 했다. 이들의 소셜 미디어를 통해 ISIS의 선전물이 자유롭게 유포되고 조직원을 모집하는 데 사용되는 등 '물질적 지원'을 한 만큼 테러 공격에 책임이 있다는 것이다.

물론, 소셜 미디어들도 이 같은 문제를 인식하고 문제 소지가 있는 게시물을 차단하는 등 극단주의 퇴치전에 동참하고 있다. 트위터는 12만5000건 이상의 ISIS 추종 계정을 차단했고, 텔레그램은 폭력을 선전하는 채널을 차단하고 있으며, 페이스북도 폭력적인 영상 등의 게시물을 막기 시작했다.

그 결과 테러에 동조하는 게시물이 대폭 줄어드는 효과를 거두고 있다.

최근 미국과 유럽에서는 테러와의 전쟁을 위해 두 갈래 방향으로 전략을 추진하고 있다. 하나는 군대와 같은 전투 병력을 동원해 극단주의 테러 집단의 거점을 제거하는 '타격 전략'을 펼치는 것이고, 다른 하나는 극단주의 세력의 선전선동을 억제하는 것이다. 즉, 서방 국가들은 ISIS의 선전선동 전략이 젊은이들의 '사고의 틀과 생각의 출발점'을 만드는 돈 안 드는 전쟁무기라고 생각하고, 이를 차단하는 활동을 주요 전략으로 추진하고 있는 것이다. 마치 우리가 어떤 색안경으로 세상을 바라보느냐에 따라 사물과 현상이 다르게 인식되는 것처럼 군사력에 의한 물리적 힘보다 선전선동이 더 위험할 수 있다.

앞서 살펴본 바와 같이, 괴벨스를 통해 진행된 나치 선전선동 전략의 목적이 새로운 대중 매체를 통한 대중 정치의 실현이었다면, ISIS가 인터넷과 SNS를 통해 진행하는 선전선동 전략의 목표는 세계를 이슬람법에 의해 다스려지는 '칼리프 국가'로 만드는 것이다. 그들이 목표를 스스로 포기하지 않는 한 지구촌은 매 순간 공포에 사로잡힐 것이며 증오와 피의 악순환이 반복될 것이다.

오늘날 유럽의 혼란스러움이 미래 한국의 상황이 되지 않도록 하기 위해서는 우리 역시 흔들림 없고 올바른 정신무장이 필요하다. 테러단체의 실체를 바로 알고, 그들의 선전선동에 현혹되지 않는 올바른 가치관이 미래 한국을 '테러 없는 청정국가'로 이끌어 줄 것이다.

소리 없는 전쟁 '사이버테러'

해킹 능력 갖춘 테러집단, 전 세계 공포 조장

北, 해커 6800여 명 '세계 3위 수준 규모'
디도스 공격·대남 협박·체제 선전 등 활동
ISIS도 세계 주요시설 해킹 능력 보유 추정
'사이버 능력 = 국가경쟁력' 전문가 양성 시급

2014년 미국의 소니픽처스엔터테인먼트사는 영화 '디 인터뷰'를 제작했다. 이 영화는 김정은과의 인터뷰를 위해 방북하는 토크쇼 사회자와 프로듀서에게 암살 제의가 들어오면서 벌어지는 일들을 다룬 코미디 영화다. 하지만 영화사는 영화 개봉 전 해킹 공격을 당하면서 정상적인 개봉을 할 수 없었다.

ISIS 등 테러단체들은 높은 수준의 해킹 능력을 보유하고 있는 것으로 밝혀졌다. 이들은 해당 분야 역량을 강화하기 위해 지속적으로 노력하고 있다.

2014년 소니픽처스 해킹을 자행한 단체는 자신들을 '평화의 수호자 Guardians of Peace'라고만 발표했고, 북한도 자신들과는 관련 없는 사실이라고 부인하면서 실제 북한의 소행인지 여부는 밝혀지지 않았다.

북한은 상당한 수준의 IT 능력을 보유하고 있는 것으로 평가된다. 1990년대 들어 '사이버테러'를 미래전과 도발의 핵심 전략으로 인식하고 해커 양성에 힘을 기울였으며, 2000년대 들어 김일 군사대학옛 미림대학을 통해 매년 수백 명의 해커를 배출하고 있다. 이 대학은 출신성분, 재력뇌물도 통하지 않고 오직 두뇌만으로 입학하는 소수정예의 '해커부대 양성대학'이다. 2018년 국방백서'에 따르면 북한은 미국·중국에 이어 세계 3위 수준의 규모인 약 6,800명의 해커를 보유하고 있는 것으로 추정된다.

북한은 정찰총국 산하에 사이버테러 전담 '해커부대'를 운영하고 있다. 2009년 디도스DDoS 공격을 시작으로 2013년 언론·금융기관 전산망 마비, 2014년 한국수력원자력 사이버 공격 등을 자행했다. 또한, 총참모부 산하에도 2개 여단1200명 규모의 '전자전 부대'를 운영하고 있으며, 통일전선부 산하에도 인터넷을 통한 체제선전과 대남 선전 활동을 벌이는 사이버 전문가들이 배치돼 있다.

특히, 해외에 거점을 두고 가상화폐 거래소를 타깃으로 한 외화벌이, 악성코드 이식, 국제 사기, 온라인 도박 등으로 해마다 8억6000만 달러를 벌어들이고 있다. 최근 북한의 대남공작은 군사력을 동원한 대남협박과 사이버전을 통한 남한 괴롭히기가 주를 이루고 있다.

현재까지 ISIS를 포함한 테러단체의 해킹 능력에 대해 정확히 밝혀진 바는 없다. 그러나 영국 재무장관은 "ISIS는 주요시설에 대해 해킹 공격할 수 있는 능력을 갖추고 있다"고 언급했으며, 미국 FBI는 "ISIS가 2015년 9월 전력발전소 해킹을 시도했다"고 발표하는 등 세계 각국은 ISIS의 해킹 능력이 상당한 수준에 도달했을 것으로 추정하고 있다.

해킹 공격 등의 사이버테러는 자원이 부족한 집단에서 효율적으로 사용할 수 있는 공격 수단이기 때문에 ISIS를 포함한 이슬람 극단주의 테러단체들은 해당 분야의 역량을 강화하기 위한 노력을 계속할 것이다. 또한, 암시장을 통한 해킹 프로그램 거래 시 단순히 프로그램 거래만으로 끝나는 것이 아닌, 해킹 능력을 보유한 인적 교류까지 함께 이뤄지고 있는 것으로 확인됨에 따라 국제사회의 우려가 증폭되고 있는 실정이다.

ISIS 등 국제 테러단체가 가 사이버 해킹 공격을 자행한다면 다음의 세 가지가 목적일 것이다.

첫째, 대상 국가의 사회적 혼란과 경제적 손실이다. 정부·기업의 업무체계, 국가 중요·사회기반시설 시스템, 금융·통신 등 현대사회의 모든 분야는 컴퓨터를 기반으로 운영되고 있기 때문에 해킹 공격으로 이를 마비시킨다면 본인들 희생은 전혀 없이 상대방에게 큰 혼란과 경제적 손실을 안길 수 있다.

둘째, 물리적 테러 자행을 위한 목표에 대한 사전정보 수집이다. 연합군의 공세로 인해 급격하게 세력이 축소되고 있는 시점에서 대규모 테러 자행은 분위기 반전을 위한 마지막 대책일 수 있는데, 이러한 테러 공격을 위해서는 목표에 대한 정확한 정보 획득이 반드시 필요하다.

셋째, 개인정보를 무작위로 수집하고 이를 공개해 테러를 선동함으로써 사회적 공포심을 조장하는 것이다. ISIS는 본인들이 운영하는 SNS(텔레그램)상에 지속적으로 테러 대상자 명단을 업로드하고 있다. 명단에는 이름을 포함해 거주지, 이메일 주소, 휴대폰 번호 등 개인정보들이 포함돼 있는데, 이는 다수의 인터넷 사이트 해킹을 통해 획득한 것으로 파악됐다. 공개된 테러 대상자 중에서 실제로 피해를 입었다는 소식은 아직까지 전해지지 않고 있으나, 당사자들은 매일 매일을 공포 속에서 살아가고 있을 것이다. 전 세계 곳곳에 공포 분위기를 조장해 자신들 앞에 굴복시키려는 것이 ISIS의 최종 목표인 것이다.

눈으로 보이지 않는 공격은 시기를 판단할 수 없을뿐더러 불특정 다수가 공격자가 될 수도 있고 피해자가 될 수도 있다. 가장 심각한 것은 해킹을 통한 정보유출이다. 개인범죄 차원을 넘어 첨단기술의 기업정보나 국가안보, 국방정보 등에 이르기까지 기업 간, 국가 간 사활을 건 수준으로 확대되고 있는 추세다. 전면전이 아니더라도 사이버테러는 이처럼 국가 경쟁력 및 안보와 직결되는 문제다.

그러나 무엇보다 중요한 것은 정보보안에 대한 국민들의 인식이다. 정부기반 서비스와 공공 에너지 등을 관리하는 산업제어시스템ICS도 해커들의 공격에 대비해야 한다. 아울러 사이버 인력, 즉 정보보안 전문가의 양성도 시급하다. 이제 사이버 능력은 국가 경쟁력이다. 민·관·군이 합심해 사이버테러를 예방하기 위해 더욱 적극적으로 대비하는 노력이 절실한 상황이다.

'드론을 이용한 벌떼테러' 저지할 수 있을까?

드론 악용한 테러 점점 증가하지만...
안티드론 위한 법적 장치 미흡

태평양전쟁의 판도를 결정지은 전투가 미드웨이 해전이었다면, 미드웨이 해전을 결정지은 항공기는 바로 '돈트레스Dauntless'미 해군 급강하 폭격기였다. 뛰어난 폭격능력과 우수한 생존능력을 과시하면서 미드웨이 해전에서 가장 많은 일본군 항공모함과 함선을 수장시켜 제2차 세계대전의 판도를 바꾼 위대한 항공기이다. 비록 '돈트레스'와는 크기와 성능이 다르지만, 이에 못지않은 무기로 최근 가장 주목받고 있는 게 바로 평창 동계올림픽 개막식의 하이라이트를 연출했던 소형 드론이다. 무려 1218대의 소형 드론이 군집비행을 하면서 펼쳤던, 웅장한 오륜기 퍼포먼스는 우리를 놀라게 했었다.

이미지=iclickart

하지만, 만약 이 같은 드론을 악용한 테러가 공항, 부대, 발전소 등의 주요 시설과 운항중인 항공기를 대상으로 벌어진다면 어떻게 될까? 해외에서는 테러단체가 장난감 드론에 폭발물을 장착해 적을 공격하는 사례가 늘고 있다. 중동뿐만 아니라 유럽에서도 드론 테러 가능성에 대한 우려는 높아지고 있다. 테러단체가 수백만 원 들여 만든 '허접한' 수제手製 무인 폭격기드론에 군 기지가 공격당하는 일들이 속출하고 있기 때문이다. 특히, 이라크와 시리아에서는 미군의 테러단체에 대한 드론 공격도 있었지만, 극단주의 무장단체인 ISIS가 드론을 전투에 적극 활용했다.

중국 드론 제조업체인 DJI가 개발한 수백 달러 상당의 저가 사진촬영용 드론을 개조해 수류탄 크기의 소형폭탄을 실은 드론을 공격 지점으로 보낸 후 목표물에 도착하면 폭탄을 떨어뜨리는 것도 그들이 애용하는 방식이다. 비록 성능은 조잡하지만 가격이 싸 대량 운용이 가능하다. 앞으로도 테러단체가 소형 드론에 폭탄이나 화생방무기를 탑재해 공격을 감행하는 것은 가장 쉽고 가능성이 많은 방법이 될 것이다.

일반적으로 드론 테러는 차량폭탄 테러의 경우처럼 삼엄한 경계를 뚫기 어렵지 않고, 쉽게 검문검색을 피해 목표물에 접근해 정확하게 타격할 수 있으며, 사전 차단이 어렵다는 점에서 자살폭탄테러보다 훨씬 더 위협적이다. 더구나 적재적소의 타깃을 값싸게 타격함으로써 제정적으로 열등한 테러단체가 적은 비용으로 전략적 이득을 극대화하는 방식으로 공격할 수 있다는 일종의 맞춤파괴라는 새로운 테러 방식이라 할 수 있다.

하지만 아직 드론 테러에 대응하는 방법은 미흡하다. 우리나라도 평창 올림픽 기간 중 드론 테러 발생 가능성을 염두에 두고 이에 대한 대비활동을 강화했다. 물론 평상시 테러 대비 훈련에서도 반드시 드론 대응 방안을 포함하여 훈련을 실시하고 있다. 그러나 현실적으로 국가 중요시설은 대부분이 드론에 무방비 상태로 노출돼 있다고 해도 과언이 아니다. 실제로 1급 보안지역에 드론이 침투한다 해도 그 사실을 알아낼 수 있는 방법은 현재로선 전무한 실정이다.

더구나 드론의 가격이 점차 저렴해지면서 취미로 드론을 즐기는 인구가 늘어나고, 대중화가 되고 있다는 점은 드론을 이용한 테러나 무단 정보 수집이 손쉽기 때문에 더욱 경각심을 가져야할 사항이다.

심각한 드론 테러를 어떻게 저지해야 할까? 일반적으로 드론을 막는 방법은 크게 물리적인 방법과 전자적인 방법이 있다. 물리적인 방법은 총알이나 그물을 발사해 드론을 격추시키는 것이고, 전자적인 방법은 방해전파를 이용해 드론을 조종하는 전파나 GPS 신호를 교란시켜 드론을 통제 불능 상태로 만드는 것이다. 미국에서는 멕시코 국경 지대에서 마약을 운반하는 드론을 격추하기 위해 소총과 전자파 교란 장치를 사용하고, 네덜란드의 경우는 독수리를 훈련시켜 강한 발톱으로 드론을 낚아채는 방식을 활용하기도 한다. 일본은 그물을 탑재한 드론을 투입해 그물을 던져 잡는 방식을 활용하는 등 국가별로 다양한 대응방법을 강구하고 있다.

그물방법은 사거리가 매우 짧고, 50m 이상의 고도에서 빠르게 움직이는 작은 드론을 총으로 격추하는 것이 어려우며, 전파 교란방법은 통제 불능이 된 드론이 또 그것 나름대로 위험요소가 되기도 한다. 국내에서는 이러한 방법들이 법적으로 금지돼 있는 게 문제이다. 군대나 경찰 시설에서는 총기와 전파교란 장치를 사용할 수 있지만, 발전소나 민간 시설에서는 사실상 드론을 막을 방법이 전무한 실정이다.

이외에도 드론 비행을 막는 데는 여러 방법이 시도되고 있다. 가장 널리 사용되는 DJI의 지오펜싱 기능은 드론에 기본적으로 탑재된 GPS를 이용해 드론 비행 금지 구역에서는 드론이 이륙하지 못하도록 해 드론의 비행을 원천적으로 막는 방법이다. 올림픽이 열렸던 평창 지역 역시 지오펜싱 구역으로 설정돼 DJI의 드론은 비행할 수 없었다.

결국 이처럼 드론은 아주 유용한 도구이기도 하지만, 위험성도 가지고 있다. 그러나 드론의 이점을 무시하고 금지하는 것은 타당하지 않다. 과학과 기술은 때로는 인류를 파멸로 이끄는 것처럼 역기능이 강조되기도 하지만, 마치 통제와 자유 사이에서 법이 탄생했듯, 그 과정에서 드론을 안전하면서도 유용하고, 효과적으로 사용하는 새로운 방법을 마련해야 할 것이다. 그것이 바로 우리 사회와 과학적 지식을 확대하는 방법이기 때문이다.

'드론테러' 방지대책, 법 규제에 막혀 있다

과학과 기술은 때로는 역기능

과학과 기술은 때로는 역기능이 있지만, 마치 통제와 자유 사이에서 법이 탄생했듯,

지난 2018년 니콜라스 마두로 베네수엘라 대통령이 야외연설 중 드론을 이용한 암살공격을 당했지만 다행히 공격을 피했다. 앞으로도 테러단체가 장난감 드론이나 저가 사진촬영용 드론을 개조해 소형 폭탄이나 화생방무기를 탑재하고 공격 지점으로 보낸 후 목표물에 도착하면 폭탄을 떨어뜨리는 사례는 테러공격의 가장 쉽고 가능성이 많은 방법이 될 것이다. 특히 드론테러는 차량폭탄테러의 경우처럼 삼엄한 경계를 뚫기 어렵지 않고, 쉽게 검문검색을 피해 목표물에 접근해 정확하게 타격할 수 있으며, 사전 차단

이 어렵다는 점에서 자살폭탄테러보다 훨씬 더 위협적이다.

만약 이 같은 테러가 우리의 공항, 부대, 발전소 등의 주요 시설과 운항 중인 항공기를 대상으로 벌어진다면 어떻게 될까? 우리나라도 평창동계올림픽 기간 중 드론테러 발생 가능성을 염두에 두고 이에 대한 대비 활동을 강화했다.

물론 평상시 테러 대비 훈련에서도 반드시 드론 대응 방안을 포함해 훈련을 실시하고 있다. 하지만 아직 드론테러에 대응하는 방법은 미흡하다. 현실적으로 국가 중요 시설은 대부분이 드론에 무방비 상태로 노출돼 있다고 해도 과언이 아니다. 실제로 1급 보안지역에 드론이 침투한다 해도 그 사실을 알아낼 수 있는 방법은 현재로선 전무한 실정이다. 일반적으로 드론을 막는 방법은 크게 물리적인 방법과 전자적인 방법이 있다. 물리적인 방법은 총알이나 그물을 발사해 드론을 격추시키는 것이고, 전자적인 방법은 방해전파를 이용해 드론을 조종하는 전파나 GPS 신호를 교란해 드론을 통제 불능 상태로 만드는 것이다.

미국에서는 멕시코 국경 지대에서 마약을 운반하는 드론을 격추하기 위해 소총과 전자파 교란 장치를 사용하고, 일본은 그물을 탑재한 드론을 투입해 그물을 던져 잡는 방식을 활용하는 등 국가별로 다양한 대응방법을 강구하고 있다.

국내에서는 이러한 방법들이 법적으로 금지돼 있는 게 문제이다. 군대나 경찰 시설에서는 총기와 전파 교란 장치를 사용할 수 있지만, 발전소나 민간 시설에서는 사실상 드론을 막을 방법이 전무한 실정이다. 하지만 과학과 기술은 때로는 역기능이 있지만, 마치 통제와 자유 사이에서 법이 탄생했듯, 그 과정에서 드론을 안전하면서도 유용하고, 효과적으로 사용하는 새로운 방법을 마련해야 할 것이다.

비트코인, 테러자금으로 악용될 수 있는가?

테러자금 조달방지 측면에서 새로운 문제 야기될 수 있어
EC, 가상통화의 범죄 악용과 테러자금 조달 차단 위한
행동계획 발표

최근 '비트코인'이란 용어가 자주 등장한다. 투자 열풍이 불고 있다는 얘기에서부터 범죄에 악용될 수 있으니 투자에 주의하라는 경고까지 말들이 무성하다. 한국도 투기 과열과 가상통화를 이용한 범죄행위 등에 대한 정부 대응방안을 논의했다. 2017년 1월 1일 998달러에 시작했었던 가격은 한 해 동안 1300% 이상 상승했다. 지난 2년 동안에는 3000% 이상 급등했다. 대체 비트코인이 뭐길래 전 세계적으로 주목 받는 것일까.

2009년에 정체불명의 프로그래머 '사토시 나카모토'에 의해 만들어진 비

이미지=iclickart

트코인은 세계 최초의 P2P 방식 네트워크 기반여러 이용자의 컴퓨터에 분산돼 작동하는 시스템의 전자 금융거래 시스템이다. 기존의 화폐 체계에 대한 불신이 확산되면서 이상적인 화폐를 구현하려는 동기에서 출발했지만, 탄생은 아직 10년이 되지 않은 '가상화폐'이다.

가상화폐는 말 그대로 사이버 상에서만 존재하는, 실체가 없는 화폐를 말한다. 우리가 일반적으로 사용하는 화폐는 실물이 존재한다. 하지만 비트코인 같은 가상화폐는 실물이 없기 때문에 만질 수 없다. 단지 사이버 상에서 돌아다닐 뿐이다. 비트코인 이외에 이더리움, 리플, 라이트코인 같은 가상화폐들도 유명하다. 전 세계적으로 무려 700여 개의 가상화폐가 거래

되고 있는 실정이다.

비트코인은 일반적으로 컴퓨터로 암호를 풀어냄으로써 생성할 수 있는데, 시스템 상 최대로 생산 가능한 비트코인의 수는 2100만개로 한정되어 있으며, 발행량이 한정되어 있다는 점에서 기존의 가상화폐와는 다른 양상을 보인다.

그럼 직접 만질 수도 없는 가상화폐를 어떻게 믿고 거래할 수 있을까. 우리가 사용하는 실물 화폐는 중앙은행이 직접 찍어내고 유통을 관리한다. 그래서 믿고 거래할 수 있다. 하지만 가상화폐는 별도의 중앙통제기관이 없다. 거래 당사자인 개개인이 서로의 거래를 검증하고 관리한다. 여기에는 '블록체인'이란 기술이 적용된다.

블록체인은 '공공 거래장부'라고도 불린다. 거래장부는 금융거래의 핵심이다. 돈이 오고간 내역을 장부에 기록하는 이유는 이 기록을 바탕으로 금융거래가 이뤄지기 때문이다. 말 그대로 거래장부를 공개해두고 관리한다는 뜻이다.

쉽게 설명하자면, 새로운 비트코인 거래는 '블록'에 기록되는데, 이 블록의 정보가 모든 네트워크 이용자로부터 검증을 받아야 기존 블록에 연결된다. 이렇게 연결된 블록들이 일종의 거대한 금융거래 장부를 형성하는 것이다. 비트코인 거래자 모두가 관리자이자 감시인이 되기 때문에 외부 해킹이 어렵다.

그래서 거래장부를 안전하게 보관하는 일은 굉장히 중요하다. 은행 등 기존 금융회사는 거래장부를 안전하게 보관하기 위해 복잡한 인적·물적 보안 대책을 세운다. 함부로 은행 서버에 접근할 수 없도록 거래장부를 저장한 서버를 두고 각종 보안 장비와 프로그램을 설치하는 것은 물론이고, 경비원과 보안 담당 직원도 고용한다.

한번 상상해보자. 은행을 거치지 않아도 전 세계 누구에게나 돈을 직접 전할 수 있다면 어떨까. 환전과 송금에 드는 수수료를 아낄 수 있을 것 같다. 서버가 필요 없는 클라우드 저장소가 있다면 어떨까. 해커가 공격할 거점이 없어지니 데이터를 더 안전하게 보관할 수 있다. 관리자가 필요 없는 인터넷 주소 시스템은 어떤가. 비트코인이 창출하는 많은 장점에도 불구하고 역으로 이런 효율성은 비트코인이 테러자금 조달방지 측면에서는 새로운 문제를 야기시킬 수 있는 것이다.

최근 유럽연합집행위원회EC가 비트코인과 같은 전자통화의 범죄 악용과 테러자금 조달을 방지하기 위한 행동계획을 발표한 것도 이런 이유이다. 한마디로 테러리즘은 세계 여러 국가를 무대로 한 넓은 네트워크로 자금조달이 반드시 필요하다. 불법자금은 테러의 젖줄이기 때문이다. 그러나 인터넷 은행 등 新금융업의 등장, 비대면 방식 금융거래 확대 등으로 자금세탁의 통로 및 수법은 진화하는 반면, 금융기관에 대한 감독을 위한 자원은 한정되어 있는 실정이다.

따라서 테러집단 및 지원세력의 자금 등 자산의 이동을 탐지·방지하고, 자금이동 추적을 통해 테러리스트를 추적하는 것은 대테러활동의 핵심적 사항이다. 한국 역시 2008년부터 제정 시행되고 있는 '공중협박자금 조달법'의 국가적 대응을 강화하고, 대응역량을 집중하는 등 대테러방지체계 전반의 운영을 효율화해야 한다.

윤곽선이 사라진 전쟁, 하이브리드 형 테러

서로 다른 전쟁양식들의 상호 교차적 융합으로 나타나
'우리나라만은 절대 안전하다'는 나 홀로 교만이 위험 빠뜨려

인류의 역사는 수많은 전쟁으로 점철되어 왔다. 플라톤이나 아리스토텔레스 같은 현인들도 전쟁 자체는 싫어했지만, 그 불가피성이나 중요성에 대해서는 결코 의문을 품지 않았을 정도였다. 그래서 인류 역사를 아예 전쟁사라고까지 말하는 사람들도 있다. 특히, 이중 현대전 양상에 대해 전쟁사가戰爭史家들은 3단계로 구분해 설명했다. 즉, 제1세대 전쟁은 나폴레옹 전쟁으로 구분했으며, 대규모 소모전인 1차 세계대전은 2세대 전쟁으로, 그리고 3세대 전쟁은 기동력과 기습이 특징인 2차 세계대전으로 대별된다.

그러나 냉전의 종식으로 인해 끝난 줄 알았던 전쟁은 2001년 9월 11일

이미지=iclickart

슈퍼파워 미국에 퍼부어진 가공할 테러 공격으로 인해 전 세계를 새로운 형태의 전쟁 공포에 떨게 만들었다. 학자들은 이 9.11 테러를 바로 4세대 전쟁의 본격 개막을 알리는 신호로 해석했다. 지금 이 개념은 미래의 군사적 위협으로서, 서로 다른 전쟁양식들의 상호 교차적 융합으로 이루어지는 일종의 '멀티모드multi-mode' 활동 형태의 21세기 전쟁과 테러의 새로운 트렌드로 자리잡았다.

한마디로 4세대 전쟁이 수행하는 목표는 1~3세대 전쟁처럼 지형의 탈취나 물리적 파괴가 아니라 적대국의 내부 붕괴를 겨냥하며, 기존의 전술교리, 교육, 훈련, 장비 등 모든 면에서 새로운 사고와 발상의 대전환을 요구하고 있다. 여기서 등장하는 개념이 바로 '하이브리드 전쟁Hybrid War, 핵+정규전+비정규전+심리전+사이버전'이라는 용어이다. 일반적으로 유연하고 지능적인 적이 목표 달성을 위해 특정한 시기에 동시적으로 다른 형태의 전투를 통합하여 수행하는 것을 말하기도 한다.

예를 들어 러시아의 우크라이나 침공, 중국의 남중국해 도발, 북한에 의한 해킹, 가짜뉴스 살포, 선전전宣傳戰, propaganda campaign 등을 통해 대남공격을 전개하는 것 등을 하이브리드 전쟁의 전형으로 보고 있다. 일례로, 레바논의 반군세력인 헤즈볼라가 2000년대 초반 막강한 전력의 이스라엘에 맞서기 위해 무려 6년 동안 이스라엘군을 연구해 왔다. 연구를 바탕으로 취약점을 파악한 후에 이란과 시리아의 지원 하에 벌어진 전투를 통해 이스라엘을 철저히 농락했는데, 이를 '하이브리드 전쟁'의 성공적 사례로 분석하기도 한다.

한 마디로 냉전시대가 '제한전쟁'의 시대였다면 21세기 전쟁의 트렌드는 '하이브리드 전쟁'이라 할 수 있는 것이다. 그동안 정규전 외의 영역으로 인식됐던 비정규전과 테러 등이 이제는 전쟁의 승패에 결정적 요소로 작용될 수 있음을 보여주는 개념이다. 그래서 미군에서는 하이브리드 전을 새롭게 부각되고 있는 하나의 위협으로 인식하고, 발전시키고자 하는 전쟁개념으로 규정하고 있다.

특히 1, 2차 세계대전이 20세기를 대표하는 전쟁이라면, 4세대 전쟁에서 가장 대표적인 투쟁방식은 바로 영토의 경계도, 전시와 평시의 경계도 무너지는 '하이브리드형 테러리즘'이다. 그래서 독일의 정치철학자 '뮌클러Herfried Münkler'는 이런 전쟁을 '윤곽선이 사라진 전쟁'이라고 불렀다. 그런 측면에서 최근 수니파 극단주의 무장 세력인 ISIS가 거점이 붕괴되는 등 급속히 세력이 약화되고 있지만, 이를 결코 테러의 근절이라고 장담할 수는 없는 것이다. 오히려 테러는 마치 교통사고처럼 근절되기보다는 억지의 대상이 될 뿐이며 지금까지의 양상과는 거리가 멀지만, 또 다른 새로운 방법이라 할 수 있는 '하이브리드형 테러'를 시도할 수 있기 때문이다.

이는 최근 들어 유럽과 미국에서 발생한 테러에서 보듯, 시리아, 이라크를 넘어서는 유럽의 주요 도시 테러가 불가측성, 다양화라는 특징으로 나타나고 있기 때문에 우리가 향후 세계 전역으로 확장되는 테러의 성격을 미리 가늠할 수 있는 요인이 되기도 한다. 아마도 ISIS와 같은 국제 테러집단이나 반군세력 등 비 국가 행위자들은 사이버 공격, 가짜뉴스 유포 등을 통한 정보전, 심리전, 혼란 공작에 대리전 양상까지도 가미할 수도 있을 것이다. 여기에 더해 국가가 통제해온 대량살상무기WMD를 탈취하거나 밀반입해 국가를 위협할 가능성도 있으며, 심지어 갱 등 조직범죄 집단도 가동할 것으로 보인다.

결국 21세기 인류의 새롭고 대표적인 투쟁방식이라 할 수 있는 테러리즘은 이처럼 더욱 다양한 '하이브리드형' 방법으로 진화해 나갈 것이다. 이미 2017년 이후 중동지역에서 수세에 몰린 ISIS 핵심지도부는 내부 투쟁역량을 또 다른 테러 양상으로의 변질을 시도하고 있다. 공격목표가 무차별적이며, 상대국가의 정치, 경제, 사회, 군사적 약점을 교묘히 파고들어 전략적 이익을 취하는 전략을 구사하기도 한다. 이는 공포의 확산을 통해 국제연대의 균열을 초래하고, 전 세계에 흩어진 잠재적 지하디스트인 '외로운 늑대'들에 대한 동기 부여를 통해 잠재적 지지층 및 테러리스트 세력을 강화하려는 노력의 일환이다.

이제 우리도 테러의 청정지대라는 막연한 안이함보다는 안보와 관련한 모든 영역에서 다각적이고 선제적으로 대비할 필요가 있다. 특히, 새로운 전쟁 개념으로서 '하이브리드형 테러' 위협을 인식하고, 새로운 공격기술에도 언제든지 직면할 수 있다는 측면에서 논의하고 대비책을 강구해야 한다. '우리나라만은 절대 안전하다'는 나 홀로 교만이 국가안보를 위험에 빠뜨릴 수 있다.

디지털 노마드, 자생적 테러리스트가 되는 이유

사회 불만 세력이 '외로운 늑대'로 돌변할 수 있는 위험성 커져

21세기는 새로운 유목민遊牧民, Nomad의 시대라고 한다. 캐나다 미디어학자 '마셜 매클루언'은 30여 년전 "사람들은 빠르게 움직이면서 전자 제품을 이용하는 유목민이 될 것"이라고 예언했다. '노마드'는 '유목민'이란 라틴어로 프랑스 철학자 '질 들뢰즈'가 그의 저서 '차이와 반복'에서 '노마디즘nomadism'이라는 용어를 사용한 데서 유래했다.

유목민은 원래 중앙아시아, 몽골, 사하라 등 건조·사막 지대에서 목축을 업으로 삼아 물과 풀을 따라 옮겨 다니며 사는 사람들을 말하지만, 현대의 유목민은 휴대전화, 노트북, PDA 등과 같은 첨단 디지털 장비를 휴대한 채 자유롭게 사는 사람들을 말한다. 공간적인 이동만을 가리키는 것이

사진=iclickart

아니라 버려진 불모지를 새로운 생성의 땅으로 바꿔 가는 것, 곧 한자리에 앉아서 특정되고, 제한된 가치와 삶의 방식에 매달리지 않고 끊임없이 자신을 바꾸어 가는 자유롭고 창조적인 행위를 지향하는 인간형을 뜻한다. 특히, 스마트폰 사용 이후 시공간의 제약 없이 인터넷에 접속해 필요한 정보를 찾고 쌍방향으로 소통하는 것은 이제 일상생활로 정착됐다.

최근 테러변화의 특징은 '테러의 노마드'화이다. 테러리스트가 되기 위해 굳이 중동의 테러캠프를 찾지 않아도 웹사이트를 통해 가상으로 AK-47에 대해 연구하고, 사제폭발물을 제작하는 등 테러지식을 습득한다.

2015년 미국 국회의사당 테러를 기도하다 붙잡혔던 20살 남성은 고교 졸업 후 직업 없이 부모에게 얹혀살며 주로 인터넷을 뒤지는 걸로 시간을 보내는 이른바 '캥거루족'이었다. 그는 미국 국회의사당에 파이프 폭탄을 설치하고 의원들을 살해할 계획을 세웠으며, 반자동 소총과 실탄 600발을 구입했다. 또한, ISIS의 전사가 되겠다고 시리아 국경을 넘어간 한국인 10대 청소년 김모군은 아랍인 '하산'이라는 자와 인터넷을 통해 접촉했다. 그는 집에서 인터넷과 사회관계망 서비스SNS, PC 게임 등을 즐겼다. 모두 평범한 청년들이 사회에 불만을 품고 세뇌되어 테러범으로 돌변한 경우이다.

이는 일자리 부족과 글로벌 경제 악화로 생산적인 위치에 서지 못한 디지털 노마드들에게 인터넷이 위험한 일자리를 제공하고 있는 셈이다. 그들은 극단 세력과 시간과 영토를 넘어 '접촉'하고 '결속'하면서 '노마드 테러리스트Nomade Terrorist' 또는 '외로운 늑대Lone Wolves'라는 이름을 가지게 된다.

소셜네트워크SNS을 이용한 선동과 포섭에 단연 우위를 점하고 있었던 대표적인 국제테러단체는 ISIS이다. 지금은 비록 영토를 잃고 쇠락한 상태이지만, 여전히 이들은 트위터, 페이스북 등 SNS로 세계의 젊은이들을 유혹하고 있다. 인터넷망 안에서 ISIS는 영구 존속할 수 있다는 이점이 있으며, 젊은이들을 선동에 이용하는 것은 이들이 다음 세대에서 자신들의 존재가 영속할 수 있는 핵심 요소가 될 수 있다고 판단하기 때문이다.

중동과 유럽뿐만 아니라, 이제 테러는 세계 곳곳에서 일상화되고 있다. 특히, 테러의 일상화는 몇 년 사이 자생적 테러리스트가 대거 늘어난 것과 맞닿아 있다. 이는 인터넷과 소셜 네트워크가 보편화되면서 사회 불만 세력을 테러리스트로 전환시키는 원격 조종이 가능해진 것이 가장 큰 이유이다. 테러 단체들은 온라인 공간에서 테러를 부추기는가 하면 폭발물 제조 등 테러 방법까지 알려준다. 이른바 디지털로 무장한 '노마드유목민 테러'가 전 세계 곳곳을 이전보다 훨씬 쉬운 방법으로 테러의 표적을 삼고 있는 것이다. 더구나 SNS와 스마트폰 같은 모바일 장치가 테러와 결합되면 포착도 어렵고, 제어 수단도 마땅찮으며, 얼마든지 정부의 감시망도 피할 수 있다는 장점이 있기 때문이다.

한국의 경우 인터넷 강국이며 게이머 천국이지만, 인터넷 환경이 발달하고 정부의 테러정책이 강력하지 않기 때문에 '노마드 테러'의 위험은 더욱 우려된다. 해킹, 디도스 공격 등 디지털 테러는 물론이고 SNS나 온라인게임 등을 이용해 젊은이들을 정신적으로 교묘하게 포섭하고 사회 전반적으로 영향력을 미칠 가능성은 다른 나라에 비해 높다고 할 수 있다.

우리 사회 역시 사회 불만 세력이 외로운 늑대로 출현될 수 있는 위험성이 커지고 있기 때문에 실업률을 줄이는 노력, 빈곤층을 줄이고 소수자와 약자에 대한 차별과 소외가 없는 사회를 만들려는 분위기가 형성되지 않으면 전사의 꿈을 쫓아 '노마드 테러리스트'에 가담할 수 있는 또 다른 김군이 생길 수 있음을 명심해야 한다.

경제적 관점에서 보는 '테러'

검은돈 추적해 테러 자금 끊어야

전 세계 무장집단 매출, 연 1조5000억 달러… 영국 GDP의 2배
무기·마약 거래 등 불법 사업과 석유 밀수, 기부금이 자금줄
국제사회 공조로 불법 자금 세상 밖으로 나오지 못하게 해야

로레타 나폴레오니는 이탈리아의 경제학자이며 저널리스트로, 테러사건을 순전히 경제적 관점에서 살펴보고 '테러 경제학'이라는 새로운 경지를 개척한 학자다. 그녀는 냉전시기의 대리전들과 오늘날의 테러전에 이르기까지 많은 폭력 등을 통해 '테러의 신경제'가 창조됐음을 주장했다.

더러운 돈과 정당하지 못한 권력이 배태한 불행한 산물이 바로 '테러조직'이라고 진단한 그녀는 추악한 금맥과 자유를 흥정하는 부도덕한 정치세태를 비판한 『모던 지하드: 테러, 그 보이지 않는 경제』라는 책을 저술하기도 했다. 테러에 대한 기존의 분석이 모호한 정치적 분석들이었던 것과 달리 이를 경제적 측면에서 분석해낸 내용이다.

그녀의 주장은 무장집단이 전 세계적으로 군사적 지원과 금융조달을 서로 연계하고 각종 인프라를 만들어 내면서 일으키는 연간 매출은 무려 1조 5000억 달러에 이른다는 것이다. 이는 영국의 연간 국내총생산GDP의 2배에 달하는 규모다. 이처럼 엄청난 규모로 급성장한 테러 경제체제는 전 세계의 다양한 원천과 방법으로 조성된 합법적·불법적 자금으로 구성돼 있다. 무기와 마약 거래 등의 불법 사업, 석유와 다이아몬드 밀수, 자선단체의 기부금, 심지어 합법적 사업에서 나오는 수익금 등을 포함하고 있다. 그녀는 이를 '테러의 신新경제'라고 말했다. 컴퓨터와 정보통신기술의 등장이 만들어낸 경제를 일컫는 '신新경제'에 견줘서 '테러로 인해 형성된 경제체제'라는 의미에서 만들어진 용어다.

또한 그녀는 테러가 어떻게 생겨났는지, 어떤 과정을 거쳐 지금과 같은 모습을 갖추게 됐는지, 테러의 주도권이 어떻게 제3세계에 주어졌는지, 테러를 둘러싼 엄청난 자금의 흐름은 어떻게 생겨나고 유지되는지를 설명하면서 '테러의 신新경제'가 진화하는 대표적 단계를 다음과 같이 설명하기도 했다.

먼저 미·소 냉전시대에 발생한 강대국의 대리전이 점차 테러 형태로 변모했다고 주장하고 있다. 미국 또는 소련이라는 초강대국이 주변부에 있던 국가들의 스폰서가 되어 지원했지만, 냉전이 끝나자 강대국의 스폰서 후원은 사라지고 테러가 민영화됐으며, 점차 무장단체들은 그들의 재정자립을 위해 스스로 뛰었다. 그런 과정에서 재정자립을 위해 싸우는 의사국가Quasi-states가 태동하게 됐다는 것이다. '의사국가'란 국가가 아닌 무장단체가 과세권, 고용 서비스 등의 사회·경제적 인프라를 장악해 정치적 인프라영토·자결권 등가 없는 매우 취약한 국가의 상태로 발전한 것을 말한다. 그리고 이 의사국가들이 이슬람국 또는 이슬람 연방을 설립하기 위해 '모던 지하드'를 벌인다는 설명이다. '모던 지하드'는 이슬람 혁명 이데올로기, 무슬림의 정체성 추구, 무슬림 세계의 사회적·경제적 야망이 한데 뭉쳐져서 만들어진 개념이다.

다시 말해, 냉전시기의 강대국들은 제3세계에 기술과 자금을 공급하고, 정치·사회·종교적 대립을 이용해 대리전을 자행했는데, 냉전이 종식되자 강대국들의 지원이 중단되는 상황에서 많은 테러조직은 생존을 위해 직접 무기를 들게 된 것이다. 이 과정에서 살아남은 조직은 팔레스타인해방기구PLO처럼 거대한 의사국가를 형성하게 됐고 그러지 못한 조직은 사라져 갔으며, 조직이 살아남기 위해 수많은 합법적·비합법적 경제수단이 동원됐는바, 이것을 '테러의 민영화' 또는 '테러의 신新경제'라고 부르는 것이다.

냉전시기부터 강대국들이 앞장서 사주해온 테러이건, 자신의 정치적·경제적 존엄과 생존을 위한 자발적 테러이건, 어떤 경우든 테러 자금이 필요하며, 이 자금을 충당하기 위해서는 반드시 자금조달 시스템과 각종 인프라가 형성돼야 한다는 것이다. 정리해보면 테러는 맨손으로 수행할 수 없고 반드시 자금이 필요하다는 주장으로, 이를 예방하기 위해서는 테러 네트워크를 보이지 않게 움직이는 돈줄을 집중적으로 추적할 필요가 있는 것이다. 결국 '모던 지하드'는 이슬람 국가들, 의사국가들, 무장단체들이 운영하는 경제 네트워크를 발판으로 삼는다. 그 경제적 구명줄은 다양하며 합법 기업과 불법 기업을 넘나든다. 최근의 테러단체들 역시 엄청난 돈을 동원하면서 이제 글로벌 불법경제의 필수적인 한 부분이 됐다고 할 수 있다.

시리아와 이라크에서 급속히 세력을 확장했던 이슬람 극단주의 무장단체 ISIS는 한때 페르시아만 아랍국가 기부자들과 회교권(이슬람교도가 거주하는 지역의 총칭)에서 나오는 후원금에 의존한다고 여겨졌지만 자급자족 경제를 운영했다. 이들은 불법적으로 석유를 탈취하는 한편, 최소 800만 명에 이르는 지역민들에게서 강제로 공물을 거두고, 자신들이 장악한 지역에서 석유와 밀 그리고 고대 유물 판매를 장악해 엄청난 규모의 합법적 암시장을 탄생시켰다. ISIS의 주 수입원은 인질 몸값이었지만, 지역 경제활동에서 나오는 수입에 비하면 극히 산발적이었다. 이 같은 불법경제는 ISIS와 같은 무장테러단체들의 수입원을 새롭게 조명하게 한다.

유엔에서 테러지정국을 대상으로 우선적으로 돈줄을 죄는 것처럼, 국제사회가 테러의 연결고리를 차단하기 위해서는 '테러의 검은돈'이 세상 밖으로 나오지 못하도록 국제적인 공조 노력이 절실해 보인다.

총을 드는 소년병사, 전쟁과 평화의 희생물인가?

UN, 소년병 징집 반대 의미 담은 '붉은 손의 날Red Hand Day' 캠페인 전개

2016년 전쟁범죄 혐의로 국제형사재판소ICC에 기소된 우간다 무장단체 지도자 '옹그웬'은 1980년대 후반부터 우간다와 주변국에서 반인도적 만행을 저지른 무장단체 '신의 저항군LRA'소속으로 LRA의 소년병에서 최고위 사령관 중 한명으로 성장했다. 그는 민간인을 상대로 살인과 강간, 고문 등 70개의 전쟁 범죄와 반인륜 범죄를 저지른 혐의를 받았다. 그러나 옹그웬은 재판과정에서 자신도 어린 시절 반군에 납치돼 소년병으로 길러졌기 때문에 전쟁범죄의 가해자가 아니고, 오히려 그도 결국 피해자라고 항변했다.

그래서 당시 '옹그웬'을 보는 시각은 엇갈렸다. 한쪽은 "그 역시 9살 때

사진=iclickart

납치되어 고문을 당했고, 본인의사와 무관하게 전투에 활용되었던 소년병이었다"고 동정하는 시각과 10만 명 이상을 살해한 악명 높은 전쟁범죄자라는 시각이 양분된 것이다.

문명의 시기이지만 지금도 세계 곳곳에는 공부를 해야 할 나이에, 대신 총으로 사람을 겨누는 법을 배우는 소년병사들이라고 부르는 18세 이하의 어린 병사들이 증가하고 있다. 그 이유는 무엇일까? 하버드대학교의 분쟁연구소는 세계 90여 개 국가에서 무려 30만 명에서 50만 명의 아동이 전쟁터로 내몰리고 있는데, 이 중의 3분의 1은 소녀들이라는 연구보고서를 냈다.

성인에 비해 납치하기가 쉽고, 어리지만 방아쇠를 당길 수 있을 정도의 체력은 있다는 것, 식량이 많이 들지도 않으면서도, 그리고 어리고 순수해서 저항하거나 이해력이 없다는 점이 쉽게 전쟁의 희생양이 되고 있는 가장 큰 이유이다. 특히, 그들 중 70%는 폭력이나 고문을 목격하거나 직접 당하고, 60%는 죽음을, 77%는 사람을 살해하는 장면을 목격하고, 52%는 대량학살의 충격에 노출되며, 소녀들 경우는 45%가 성적 폭력을 당하고 전쟁 중에 사망하는 수도 27%에 달한다는 게 일반적 통계이다.

2차 세계대전인 1940년 프랑스 덩케르크 해안에 고립된 40만여 명의 영국군과 연합군을 구하기 위한 사상 최대의 탈출 작전을 그린 '덩케르크'라는 영화에서도 소년병에 관한 내용을 볼 수 있다. 영화 속 해안에 투하한 흩날리는 폭탄의 잔해들과 연기와 널브러진 시체들 속에서 모래를 뒤집어 쓴 소년병의 절박한 얼굴이 나오는 장면은 전쟁의 질곡에서 소년병들이 얼마나 큰 고통을 겪었는지 생생하게 느끼게 한다. 소년병은 우리역사로서 6.25전쟁 시에도 나타난다. 북한군은 의용군이라는 이름으로 점령지역에서 14~17세의 어린병사들을 강제징집하여 부족한 병력을 충당했으며, 남한 역시 적어도 2만 명 이상의 소년들이 참전해 2,464명이 전사했다는 기록이 남아 있다.

UN이 검증한 수치를 보면, 분쟁지역에서 소년병으로 징집된 소년·소녀는 2005년 4,000여명 수준에서 2017년 7,734명으로 늘었다. 나이지리아와 카메룬에서는 극단주의 무장단체 '보코하람'이 최소 135명의 어린이를 자살폭탄테러에 동원했으며, 이라크와 시리아에서는 봉쇄지역 어린이들이 인간방패로 전락해 저격수들의 표적이 됐다. 소말리아에서도 2017년 10월까지 어린이 1740여 명이 무장단체 등에 의해 소년병으로 징집됐다. 더구나 ISIS 등 국제테러단체는 어린이들을 자살폭탄 테러 공격에 이용하기도 했다. 실제 네다섯 살 정도의 아이가 작은 권총을 건네받아 포로를 향해 방아쇠를 당기는 모습이 담긴 영상이 공개돼 수많은 세계인들을 충격으로 몰아넣기도 했다. 판단력이 부족한 어린이들을 상대로 세뇌 교육을 하고 군사훈련에 동원하는 사례들이 증가하고 있는 것이다.

부모의 보호 속에 자라야할 나이에 자신의 키보다 더 큰 총을 들고 전쟁에 참여한 많은 소년병들은 일단 전쟁이 시작되면 심리적으로도 몹시 잔혹해질 수 있다. 그들은 총이 발휘하는 파괴력에 환호해서 자신의 우월성을 과시할 뿐, 낮은 정신연령으로 다른 아무런 이유 없이 종종 사람을 죽이고 불구로 만들고 성폭행을 저지르기도 한다. 결국 이런 활동을 한 소년들은 비록 강제로 전쟁에 참여했다 해도 집에 돌아가기가 힘들고 점차 끔찍한 어린 괴물이 되는 것이다.

그래서 UN은 매년 2월 12일을 '소년병 반대의 날'로 정하고 어떤 아이도 어른들에 의해 전쟁터로 나가서는 안 된다며, 일명 '붉은 손의 날Red Hand Day'캠페인을 전개하고 있다. '붉은 손'은 소년병 징집을 중단하려는 국제적인 노력의 상징이다. 그들은 종이와 현수막에 붉은 손의 그림을 프린트하고, 그 위에 소년병 징집을 중단을 요청하는 편지를 써 넣는다. 또한 '총을 버리고 펜을 잡자#DroptheGunPickUpthePen'라는 해시태그를 게시하기도 한다.

유엔의 '무력 분쟁에서의 아동 가담에 관한 아동권리 협약 의정서'는 18세 미만의 아동이 무력 분쟁에 가담하는 것을 금지하고, 특히 15세미만의 아동을 전쟁에 참여시키는 행위는 전쟁범죄에 포함시키고 있지만, 지금도 여전히 아무 대안이 없는 취약한 아이들이 세계 곳곳에서 전쟁과 테러에 동원되는 소년병의 타깃이 되고 있는 실정이다. 과연 몸뿐 아니라 마음이 다치도록 아이들을 내모는 어른들이 언제쯤 이 잘못된 쳇바퀴를 멈추게 할 수 있을까? 또 우리는 세계를 어떻게 이해해야할 것인가? 그리고 인류는 아이들을 어떻게 대해야 하고, 어떤 사랑을 나눠야 하는지 헤아려 본다.

더구나 세계 유일의 분단국가에서 살고 있는 우리 입장에서 이 땅에서 앞으로 우리아이들이 과연 전쟁 아닌 평화로 살아갈 수 있을지, 미래사회가 민주와 평등이 어우러지는 정치와 사회로 거듭날 만한지, 그리고 서로 아끼는 따사로운 꿈을 이룰 만한지 곰곰이 생각하고 자문해본다. 전쟁과 평화의 역사는 인류에게 결코 지워지지 않는 잔인한 흔적을 남기지만, 이제 우리는 다음시대를 살아갈 아동들에게 우리가 겪었던 아픔과 슬픔을 대물림하지 않도록 평화에 대한 의지를 굳건히 할 필요가 있다.

'테러 피해' 누가 보상? 테러리스크 관리 필요하다

보험 통한 테러리스크 관리문제, 중요한 정책적 이슈로 부각

'루스 체인지'Loose Change라는 영화는 9·11테러가 테러리스트에 의해 일어난 것이 아니라 미국의 부시 정권이 벌인 자작극이라며, 9·11테러 발생원인 중 하나로 세계무역센터 건물주가 9·11이 발생하기 6주 전에 35억짜리 테러보험과 함께 건물을 샀다는 의혹을 제기한 테러와 보험관계의 음모론이 등장하는 다큐멘터리 영화이다. 이러한 가운데 비록 중동에서 이슬람 국가ISIS가 격퇴되었지만, 지구촌 곳곳에서 테러는 계속되고 있어 최근 보험을 통한 테러리스크 관리문제가 중요한 정책적 이슈로 다시 부각되고 있다.

테러리스크Terror Risk라는 말은 '테러 당할 위험도'라는 뜻으로, 테러로 인

이미지=iclickart

해 재산과 신체 등에서 손해를 입을 가능성을 말한다. 지난해 국제금융센터는 한국의 테러리스크 지수는 일본121위보다 낮은 124위이며 뉴질랜드, 핀란드등과 동일한 것으로 평가했다. 사이버테러도 해킹, 정보유출은 물론 사이버공간을 통해 극단적인 사고의 유포 및 테러를 위한 교육, 모집 및 기획이 이뤄지고 있어 가장 뜨는 리스크라고 할 수 있다.

2016년 딜로이트 아시아태평양 국가보안 전망 보고서'는 한국의 사이버테러 리스크 점수Cyber Risk Score를 1,000점 중 884점으로 평가해 아태지역 18개국 가운데 가장 높았다. 최근 북한과의 대화분위기 조성 등으로 북한리스크는 다소 완화될 수 있지만, 외국이 보는 한국에 대한 전반적인 테러리스크 평가는 낮아 테러 청정지대라는 자체적 평가는 무색할 지경이다.

테러리스크를 관리하는 방법은 다양하다. 테러발생이 빈번한 국가에 여행을 가지 않고 안전한 국가로 가는 것이나, 자국 내 테러 용의자를 입국시키지 않기 위해 동공사진 촬영 등 입국통제를 강화하는 것, 그리고 트럼프가 '행정명령 13767호2017년 국경안보 및 출입국 시행 개선안'을 선포한 것도 인종차별적 요소가 있어 비판 받고 있지만, 일종의 테러리스크 방지책이라 할 수 있다.

그러나 가장 타당한 테러리스크 관리방법은 보험으로 리스크를 관리하는 방법이다. 하지만 자칫 대규모의 테러가 발생하면, 보험사가 막대한 손해를 입게 되기 때문에 보험료를 대폭적으로 인상하고 보상한도를 크게 낮추거나 인수 거절을 하는 등 보험가용성 문제로 테러보험 가입을 기피하는 경향이 있다.

실제 2001년 발생한 9·11테러는 건물과 항공기, 재물, 배상책임, 인적손해 등 다양한 보험종목에서 무려 429억 달러의 보험손해가 발생했다. 이는 당시 구조 및 정리 작업에 동원된 뉴욕 시 공무원들과 약 1만 명의 근로자들의 건강이상에 대해 지급된 보상금 65억7500만 달러는 제외한 수치다. 9·11사건 보험금 지급으로 '스위스 재보험 사'는 7억 200만 달러의 영업 손실로 큰 타격을 입어 파산위기에 몰리기도 했다.

이런 이유로 9·11테러 이후 대부분의 보험사들이 보험 상품에서 전쟁뿐만 아니라 테러위험에 대해서도 면책특약을 적용하고 있다. 따라서 주요 선진국들은 테러보험에 대한 정부지원 프로그램을 마련해 보험료를 지원해 주거나 일정규모 이상의 손해액이 발생했을 때 정부가 지원해 주는 정책성 보험 형태를 운영하고 있다. 미국의 경우 대형 테러가 발생했을 경우, 공공과 민간이 파트너십을 통해 정부와 보험사가 손실을 공유하도록 한 '테러리스크보험법TRIA'을 제정하고, 전 세계의 테러리스크를 분석해 종류별로 분류하고 있다. 예를 들어 전통적인 테러위협지역인 중동은 물론 자생적 테러리스트들의 위협이 커지고 있는 유럽이나 미국의 뉴욕과 같은 대도시는 도시전체 교통시스템에 대한 취약점을 분석해 테러 보안 책을 요구하기도 한다.

반면에 아직 한국은 이런 프로그램이 개발되지 않고 있는 상황이다. 현재는 정부주도의 테러보험 제도가 없는 상태이며 공항 등 대규모 시설의 계약자들은 선별적으로 테러 보험담보를 구매하고 있다. 2002년 월드컵과 2018년 평창 동계올림픽에서 경기장 등 대규모 수용시설물에 대한 공동인수 풀 형태로 한시적으로 운영한 바 있다.

테러방지법령상에도 테러방지를 위한 법적 조치 등이 주요 내용으로 정부차원의 피해보전제도테러피해지원, 특별 위로금지급는 명시되어 있지만, 세부적 테러리스크 관리부분은 미흡하다. 결국 대부분의 보험에서 면책으로 하고 있기 때문에 만일 테러를 당해도 보험을 통한 테러리스크 관리는 원활하게 이루어지지 못하고 있는 실정이다.

선진국의 테러보험 제도를 담보하는 방법, 특수건물이나 일정규모 시설물이나 건물 등에 대한 테러보험 의무화, 국가의 재보험담보 제공과 한도, 운영방법·기구 등을 비교하는 등 우리나라도 테러리스크에 대한 인식을 재정비하고 해외사례를 벤치마킹해 테러발생에 대비한 선제적인 리스크 관리가 필요한 시점이다.

다이하드, 쉽게 죽지 않는 ISIS... 동남아의 불안

동남아 지역 노린 테러 가능성 높아...
우리는 결코 인간을 죽임으로써 평화롭게 사는 방법을
배워서는 안 된다.

2017년 7월 중순 이슬람 극단주의추종자들의 활동이 활발한 인도네시아의 관광도시 '욕야카르타' 시내에서 테러 용의자 3명이 경찰 대테러부대와 총격전을 벌이다 사살됐다. ISIS의 중동거점이 위축·쇠퇴하였지만 테러거점의 이전에 따른 풍선효과로 동남아지역의 테러정세는 더욱 불안해지고 있는 현상이다. 지역 토착 반란 세력들은 ISIS라는 브랜드와 이데올로기를 채택한 뒤 새로운 테러를 시도하고 있다. 이들은 더욱 파괴력을 갖는 세력으로 변형되거나 온라인 선전 도구 등을 활용해 '외로운 늑대'들의 '자생적 테러'로 전략을 전환하면서 테러전선을 확산시키고 있다.

이미지=iclickart

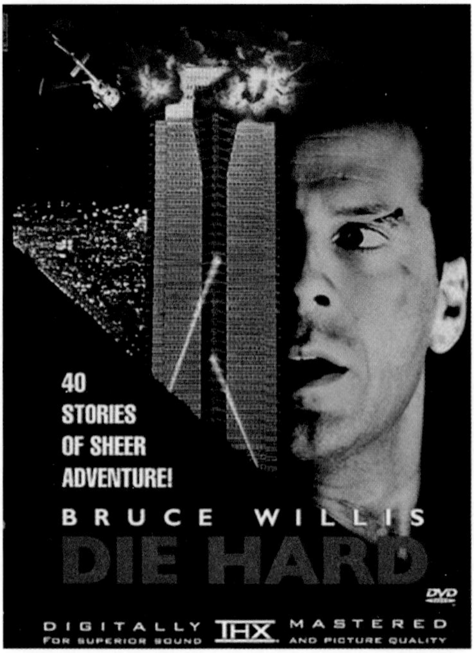

실제 점령지와 조직원 같은 물리적 실체가 소멸해도 이데올로기 또는 프로젝트는 마치 불사신 다이하드처럼 쉽게 사라지지 않고, 계속 국제사회의 위협이 될 것으로 보인다. 나이지리아의 악명 높은 무장단체 '보코하람', 이집트의 '안사르 베이트 알마크디스', 알제리의 '알무라비툰' 등 ISIS에 충성을 맹세하거나 연관이 있는 지부 조직은 여전히 건재하다. 아프가니스탄, 리비아, 튀니지, 예멘, 소말리아 등의 무장 조직도 독자적으로 활동하되 극단주의 이데올로기를 공유하는 신디케이트 형태로 선전 효과를 극대화하는 전략을 택하고 있다.

유럽에서는 현지의 권한을 강화한 '분권형'으로 조직을 이미 재편했다는 분석도 제기된다. 거점이동 및 확산이 가속화되면서 이동한 지역에서의 토착화와 맥락화가 이루어질 경우, 더욱 파괴력을 갖는 유사세력으로 변형되어 나타날 수 있다. 비록 점령지는 없지만, 잔존세력들은 새로운 조직에 영양분을 제공하는 무정부상태와 프랜차이즈 형태로 재기하고 있는 것이다.

그래서 자국으로 돌아온 아시아 국가출신의 지하디스트들도 현지추종세력과 함께 새로운 거점지역을 구축하거나 테러에 나설 가능성이 높다. 전 세계 무슬림 18억 명의 60% 이상이 거주하는 아시아·태평양 지역은 ISIS 거점붕괴로 인한 '풍선효과'의 가장 큰 피해를 볼 수 있는 위험 지역이다. 추종세력들은 싱가포르, 말레이시아, 인도네시아, 필리핀, 일본, 미얀마, 태국 남부 등을 자신들의 영토라고 주장하고 있다. 필리핀에는 1200명 정도의 세력인 남부 민다나오 섬의 이슬람 무장 세력이 필리핀 정부군 및 경찰과 수시로 교전을 벌이고 있다.

이중에서도 인도네시아는 약 2억 6,000만 명의 인구 중 90%가 이슬람을 믿는 세계최대 무슬림국가로 최근 정치권과 사회에서 강경 이슬람주의가 확산되고 있다. 약 30개의 조직, 1000명 정도의 무장대원이 활동 중인 것으로 추정되고 있다. 특히 2005년 발리 자살폭탄 테러배후로 지목되고 있는 이슬람원리주의 과격무장단체인 제마 이슬라미야JI 같은 극단주의 단체들의 활동은 주목할 대상이다. 이들의 목표는 2025년까지 인도네시아·말레이시아·싱가포르와 필리핀 남부, 태국 남부를 잇는 동남아 이슬람 제국의 건설이다.

이는 동남아지역의 잠재적 테러 위험이 유럽과 미국보다 훨씬 클 수 있다는 가능성을 시사한다. ISIS의 괴멸이 아니라, 오히려 혹독한 싸움의 전개가 우려된다. 만일 이들의 동남아 확산이 계속된다면, 인접지역인 한국의 테러위협도 증대될 수 있다. 한국과 동남아시아의 경제·사회·문화의 인적·물적 교류는 위축될 것이고, 무고한 인명 피해 및 국가신용도가 떨어져 경제에 악영향을 미치며, 관광객 감소로 인한 피해도 심각해지는 등 테러의 파장은 작지 않을 것이다.

더구나 한국은 '외로운 늑대'의 테러 및 ISIS이후 새로운 버전의 테러, 그리고 ISIS의 동남아지역 확산에 따른 테러 등의 위협에 대해서는 아직 그 대비가 미흡하다. 테러예방의 생활화, 법제적 보완 등 대테러역량과 출입국 보안, 해외교민·해외여행자 보호대책수립과 같은 정책적 대비책도 철저히 강구해야한다. 그러나 강력한 대테러정책과 난민억제와 같은 원론적 처방보다 중요한 것은, 그들을 벼랑에 서게 하는 불평등과 차별, 그리고 무시와 소외를 해소하는 국가적 정책에 대한 동시적인 노력이다.

테러에 대한 생각도 지금처럼 이슬람 급진화의 문제라는 방향에서만 생각한다면 이슬람에 대한 공포감만 증가하고, 무슬림들은 모두 잠재적인 테러범이 될 뿐이다. 이로 인한 이슬람혐오증과 극우지지는 결국 인종주의라는 피폐한 감정만을 부추기게 될 것이다. 서로 다른 종교 간의 대립적 감정을 완화하면서 상호 호혜롭고 평화적으로 대처하는 것은 증오와 혐오로 점철된 문명 간의 또 다른 충돌을 방지할 수 좋은 대안이다. 분쟁과 테러는 아무리 명분이 있더라도 그것은 언제나 악이며 야만 일뿐이다. 우리는 결코 인간을 죽임으로써 평화롭게 사는 법을 배워서는 안 된다.

숨어 있는 권력 '딥 스테이트'

딥 스테이트 혹은 그림자 정부…
세계 각국 정책과 분쟁을 조정한다

2018년 5월 14일 트럼프 대통령은 예루살렘을 이스라엘의 수도로 인정하고, 텔아비브에 있는 미국 대사관을 예루살렘으로 이전했다. 이스라엘은 기쁨의 환호가 가득하지만 팔레스타인의 분노와 강경시위는 계속되고 있다. 지금 중동은 화약고에 다시 한 번 불이 붙은 양상이다. 예상되는 후폭풍에도 불구하고 대사관이전의 결정적 배경은 미국경제와 정치를 움직이는 정보기관과 유태인 파워다.

이미지=iclickart

국가정책결정과정에서 선출되지 않은 군과 민간인으로 구성된 권력이 지배적인 영향력을 갖는 조직을 '딥 스테이트Deep state'또는 '그림자 정부' 라고 한다. 권위주의 국가에서나 사용되는 이 용어가 최근 미국과 자유국가에서 통용되고 있다. 대중에 의해 선출되는 권력은 임기에 따라 반복하지만, 정부 내에서 어젠다를 장악한 자들은 장기간 똑같은 자리에서 실제로 국정전반에 영향력을 행사하는 숨어있는 실세이기 때문이다.

미국의 경우 민간 분야의 군산복합체, 정부 분야의 국방부, 정보부, 국무부, 법무부 등 실무자급 직업관리들이 정책에 영향을 미친다. 특히 군산복합체는 언론, 지식계층, 은행 등과 밀접하게 융합되어 큰 괴물이 되었다. 그러나 이중 가장 큰 '딥 스테이트'의 역할은 CIA와 NSA 등 정보기관이 담당한다. 이들 기관의 첩보와 정보는 미국정부와 대통령의 외교와 정책결정과정에 중요한 영향을 미친다.

즉, 안보기관Security Apparatus이라고 불리는 거대한 안보와 첩보 조직들은 비록 정권이 임기가 끝나서 교체되어도 업무의 연속성이 필요하기 때문에 계속 다음 지도자의 국가정책을 보좌하게 된다. 대부분 새롭게 조직되는 정부기관의 수장들이 전문성이나 논리를 갖추려면 상당한 시간이 소요되기 때문이다.

실제로 트럼프처럼 강한 스타일의 대통령이더라도, 정책결정은 지도자 한사람에게 의존하기 보다는 정당, 관료, 재계의 3자가 서로의 이해관계에 입각해 협상, 타협하는 프로세스에서 결정이 이루어지고, 이 과정에서 정보기관의 역할이 중요하게 작용된다고 보는 것이 통설이다. 그런 맥락에서 '딥 스테이트'는 정부가 바뀐다고 하여도 실질적인 국가의 정책 기조가 계속될 수 있는 역할을 수행하기도 한다.

더구나 전쟁과 테러와 같은 분쟁의 조정에도 깊이 관여한다. 국제테러단체인 탈레반과 알카에다의 탄생과 성장, 카슈미르 분쟁, 9·11테러 뒤에서 숨어있는 역할을 수행하고, 오사마 빈라덴 은신 등 '세계사의 한 페이지'를 장식한 사건과 모두 깊은 연관이 있는 조직으로 주목받는 곳이 파키스탄 정보부(ISI)다.

파키스탄 정보부ISI는 1979년 소련이 아프가니스탄을 침공했을 때 무장투쟁을 했던 무자헤딘을 키웠고, 이슬람국가ISIS 탄생 등에도 일조했다. 또한 인도와의 카슈미르 분쟁에서도 파키스탄 극단주의자들이 국경을 넘나드는 '크로스 보더Cross Border 테러'를 감행할 수 있었던 배후조정 역할도 했다. 리더십이 불안한 파키스탄에서 실질적인 국정 운영의 최고 권력기관으로 작용하는 기관이다. 비록 CIA가 미국의 대표적 정보기관으로 세계 최고·최대를 자랑하지만, 강대국이 아닌 정보기관 중 ISI만큼 명성을 떨치는 곳도 없다.

이처럼 정보기관이나 정부 관리들이 비밀리에 국가 정책을 조정하고 있는 것은 모든 국가의 공통적 현상이기도하다. 한국의 경우 최근 대통령이 국가정보원이 해외정보수집에 역량을 집중해 남북과 북미정상회담 성사에 큰 기여를 했다고 발언한 것은 음지에서 일한다는 국정원의 순기능적 작용이다. 그래서 최근 논의되는 국가정보원의 개혁방향도 국민의 신뢰를 받고, 일탈과 남용이 없도록 하는 것과 동시에 국가안보를 지키는 정보기관으로서 역할을 충실히 수행 할 수 있는 방안도 강화해야한다.

그러나 딥 스테이트는 정보기관만 해당되지 않는다. 대표적으로 박근혜 정부의 몰락을 가져온 것은 선출되지 않은 권력이 국정농단을 자행함으로서 정권의 교체까지 가져온 사례이다. 결국 지도자는 국민의 이익을 대표하도록 선출된 것이다. 우리는 대통령과 정부가 임기 동안 숨어있는 권력으로서 개인과 기관들의 접근과 남용을 차단하고 헌법과 국민의 권리를 수호하기 위해 좋은 정치를 펼칠 수 있기를 기대한다.

NO ONE CHOOSES
TO BE A
REFUGEE

제4부

테러, 우리에게도 일어날 수 있다

테러, 우리에게도 일어날 수 있다

한국 역시 결코 테러의 안전지대가 아니다.

파리 테러는 이슬람 수니파 무장단체 ISIS가 2015년 11월 13일 유럽의 심장부인 프랑스 파리 한복판 공연장과 축구 경기장 등 6곳에서 총기 난사와 자살폭탄 공격 등 최악의 동시 다발 테러로 최소 130여 명이 사망했다. 당시 프랑스는 나라 전체가 큰 충격과 혼란에 빠졌고 전 세계도 경악하였다. 비록 테러범들은 진압됐으나 프랑스 사회는 반이슬람 정서로 심한 갈등과 분열에 휩싸였었다.

특히 테러범들은 프랑스에서 나고 자란 이슬람권 이민자 출신이었다. 이는 이민통합정책을 표방하는 프랑스 사회에 큰 충격을 주었고 적은 밖이 아닌 안에 있다는 문제의식이 강하게 나타났었다.

한국도 점차 세계무대에서 정치적, 경제적 위상이 높아지고 미국의 우방국이라는 점 때문에 테러공격과 위협에 방심할 수 없다. 만에 하나 국제적 연계를 가진 알카에다 ISIS와 같은 테러조직이나 북한의 테러 또는 최근 우려되는 이민자, 외국인, 사회적 소외계층에 의한 자생적 테러가 발생한다면 그 충격과 피해는 상상할 수 없는 국가적 재앙이 될 것이다. 이미 외국인 근로자, 다문화가족, 새터민들이 느끼는 차별과 멸시는 정도의 문제는 있겠지만 다른 나라와 크게 다를 바 없다. 한국 역시 결코 테러의 안전지대가 아니다.

따라서 법적, 제도적 장치로 제정된 테러 방지 관련 법안의 보완과 테러의 예방과 조치를 원활히 수행하기 위한 통합된 대테러 센터의 역할 강화가 필요하다. 국민의 인식 변화와 전문가 양성도 필요하다. 나아가 사전 예방책과 사후 대비책인 위기관리체계도 구축해야 한다.

또 테러 대응은 어느 한 기관만의 임무와 책임이 아니며 전 국민이 함께 감당해 나가야 할 문제라는 점에서 국가적 차원, 정부적 차원, 국민·사회적 차원에서 대응할 수 있는 대테러 전략을 세워야 한다. 테러 발생 이전의 예방 전략과 테러 발생 후의 사후 처리 전략을 나누어 방안을 모색하고 국가 정부 사회의 각 기관, 국민 개개인의 행동 요령을 규정해 시범훈련의 반복으로 각자의 행동 요령을 숙지하도록 해야 한다.

우리 사회에 잘 적응하지 못하는 소외된 계층을 포용하는 열린 마음도 필요하다. 단순히 테러 예방이라는 수동적 차원이 아니라 같은 인간이라는 인류애, 같은 민족이라는 동포애로 능동적인 차원에서 접근해야 할 것이다. 이들에 대한 차별을 제도적으로 없애야 하고 국민의 시민의식도 성숙해야 한다.

종교기념일이면 자행되는 테러

- '좋은 전쟁이란 없다, 그리고 나쁜 평화는 없다' -

'크리스마스 휴전'은 지금도 가능할까

> 얼마 전 성탄절 테러 모의한 시리아 난민 6명 체포…우려 커져
> 1차 세계대전 당시 캐럴로 시작된 한 주간의 '크리스마스 휴전'
> 10만여 병사들이 함께 축구하는 모습에서 인류애의 참모습 느껴
> 전쟁·테러 막고 평화 지속하는 것, 우리 군은 물론 전 세계의 과제

어쩌면 올해도 유럽의 크리스마스와 연말연시는 유난히 스산하고 끔찍할지도 모른다. 최근 ISIS가 유럽 주요 국가를 대상으로 크리스마스를 겨냥한 테러를 인터넷을 통해 선동하고 있다. ISIS는 이라크와 시리아에서 거점을 잃어버렸지만 2019년 11월 24일 이집트 시나이반도의 모스크에서 잔인

한 대규모 테러를 저질렀다.

그와 함께 지부조직의 건재를 과시한 터라 그들의 위협이 선전으로만 끝나지 않을 수 있다는 우려는 더욱 커졌었다. 그동안 극단주의자들은 부활절, 크리스마스, 라마단 등 종교적 기념일이 되면 언제나 테러를 자행했었다.

2016년에도 독일에서는 사람이 붐비는 베를린 크리스마스 마켓에서 튀니지 출신의 불법 난민에 의한 대형트럭 돌진 테러가 발생해 12명이 숨진 바 있다. 얼마 전 크리스마스 테러를 모의한 ISIS 추종 시리아 난민 6명이 체포된 것은 또다시 유럽이 크리스마스와 연말연시 테러의 표적이 되고 있다는 의미이며 한 해가 가고 새해가 오고 있지만 여전히 지구촌의 평화는 요원한 실정이다.

프랑스 크리스티앙 감독이 제작한 '메리 크리스마스'라는 영화는 참혹한 전장에서도 뜻밖의 평화가 찾아올 수 있다는 메시지를 던져준다. 이 영화는 제1차 세계대전이 한창이던 1914년 9월 서부전선의 실제 모습을 전하고 있다. 1차 세계대전은 수많은 전투가 참호에서 벌어졌기 때문에 '지하전쟁'이라고도 하는데 당시 서부전선의 독일군은 영·불 연합군과의 '마른marne전투'에서 교착 상태에 빠져 진격에 제동이 걸린 상황이었고, 이로 인해 양쪽의 참호전투는 12월까지 두 달이나 지속되고 있었다. 12월 24일 성탄전야에 조용했던 참호에서 갑자기 독일군 진영에서 귀에 익은 노랫소리가 들려

왔다. 성탄 캐럴이었고 이내 영국 병사들도 함께 부르기 시작했다. 전장은 순식간에 아카펠라의 경연장으로 바뀌었다. "We not shoot, you not shoot 우린 쏘지 않겠다, 너희도 쏘지 마라!" 놀랍게도 독일군 장교 한 명이 장식과 초를 매단 성탄 나무를 영국군 진영으로 가져 왔으며, 이후 두 나라의 병사들은 중간 지대에서 어울려 무기를 내려놓고 한 주 동안 휴전하였다. 이것이 바로 유명한 '크리스마스 휴전'이야기이다.

사실 '마른전투' 뿐만 아니라 그해 서부전선 곳곳에서 10만여 명이 넘는 양측 병사들이 축구 경기를 하는 등 크리스마스 휴전에 참여했다. 이것은 인류가 어떻게 대립을 멈추어야 하는지 확실히 보여준 인류애의 참모습이었으며, 전쟁사에서 가장 놀라운 일화가 되어 오늘날까지 끊임없이 회자되고 있다.

그러나 상호 간의 불신과 증오로 인간성이 말살되고, 북한의 핵과 미사일 도발 및 이슬람 극단주의 테러단체의 무차별 테러가 계속되는 지금, 중동과 미국, 그리고 유럽에서 '우리도 쏘지 않을 테니, 너희도 쏘지 말라'며 제안할 수 있는 크리스마스 휴전과 평화가 우리에게도 가능할지 의문이다.

전쟁과 테러는 오랜 인류의 역사 속에서 계속 존재해 왔다. 인간의 어리석음과 탐욕은 늘 갈등과 파괴를 유발하였고, 이로 인해 뼈아픈 역사를 반복시켰기 때문에 미래에도 전쟁과 테러는 결코 없어지지 않을 것이다. 그렇기에 우리는 전쟁과 테러의 이면에 있는 아픔을 기억하고 반성하며 신중한 가치들을 지켜야 한다. 특히 우리에게 전쟁이라는 참상과 그 뒤에 따라오는 비극이 어떠한 경로를 통해 어떻게 발생하고 그 뒤에는 무엇이 있었는가를 직시하는 자세가 무엇보다 필요한 것이다. 어떤 경우라도 전쟁을 막고 평화를 지속하는 것은 인류의 첫 번째 의무이며 사명이다.

사실 모든 전쟁의 개시는 처음에는 나름대로 정당성과 이성을 갖고 실행되지만 종국에 남는 것은 야만성이다. 그런 측면에서 이슬람 극단주의의 무차별적 테러도 '종교적 과장과 증오의 부추김'의 결과로 해석되는 게 타당하다. 결국 '좋은 전쟁이란 없다, 그리고 나쁜 평화는 없다'는 명제를 우리는 기억해야 한다. 사실 역사를 뒤돌아보아도 세계는 전쟁영웅들의 개선으로 만들어졌다기보다 말 없는 수많은 평범한 자들의 숭고한 희생으로 이뤄졌기 때문이다. 역사적 기여자도 어쩌면 장군보다는 크리스마스 캐럴을 합창한 참호 속 병사들과 같은 인물들이었을지 모른다.

'셰익스피어'는 역사를 하나의 거대한 희극과 세속적 비극의 만남이라 하였다. 그러나 세상의 대다수 사람이 바라는 맨 위쪽의 목록에는 틀림없이 자유와 평화가 놓일 것이다. 이제 전쟁과 테러라는 혼란과 갈등의 강을 건너, 용서와 평화의 '약속의 땅'까지 도달해야 하는 것은 우리들의 과제라 할 수 있다. 우리가 역사를 바라볼 때는 결코 파괴자들의 어리석은 일상을 들여다보는 한심한 탐구가 아니라, 선한 희생자들의 덕목들을 성찰해야 하는 것이다. 부디 이번 크리스마스와 연말연시, 그리고 새해에는 증오에 가득 찬 테러를 멈추는 '크리스마스 휴전'이 찾아오길 기대한다.

다문화 갈등, 테러로 발전 가능하다

"테러에 대한 우리의 대응은 더 많은 민주주의와 더 많은 개방성과 더 많은 인간애이다."

2011년 7월 22일 노르웨이에서 발생한 극우 백색 테러로 사망한 희생자 추도식에서 옌스 스톨텐 베르그 노르웨이 총리가 말한 추도사이다.

2011년 여름 유럽에서 가장 평화로운 나라로 여겨졌던 노르웨이에서 청소년캠프 행사장과 정부청사를 노린 연쇄테러가 발생했다. 90여 명이 사망한 연쇄테러는 노르웨이뿐 아니라 전 세계에 큰 충격을 주었다.

우리는 테러의 시대에 살고 있고 우리나라 역시 테러의 안전지대라고 할 수 없다. 그러나 정작 테러의 위협과 대응에 대해 심각하게 생각하는 경우는 많지 않다. 우리와는 관련이 없는 일이려니 하는 무관심은 우려스럽다.

다문화 갈등, 테러로 발전 가능성

우리나라의 테러 환경도 변하고 있다. 세계화에 따라 위험지역에 대한 방문객이 증가하고 있으며, 중동지역 파병이 한국에 대한 아랍권의 적대감 표출로 이어지면서 한국인에 대한 테러의 직간접적 원인으로 작용하고 있다. 여기에다 새터민과 외국인 노동자의 유입, 국제결혼의 증가 등 한국의 새로운 사회현상은 사회적 갈등의 근원이 될 수 있다.

노르웨이 테러의 용의자가 반反이슬람과 다문화주의를 경멸하는 극우기독교민족주의자였다는 점을 떠올리면 국가가 화합을 이끌지 못하는 다문화사회는 갈등이 분출될 위험이 상존한다고 볼 수 있다. 노르웨이 테러가 국제테러 분자가 아닌 자국민에 의해 저질러졌다는 것은 우리에게 주는 시사점이 결코 적지 않다. 이는 새로운 테러 주체가 등장하고 있음을 알리는 사건이다. 우리 사회에 잘 적응하지 못하는 소외된 계층이 차별과 멸시와 좌절을 이유로 테러를 자행할 수도 있기 때문이다.

따라서 다문화사회로의 변화에 정부와 시민사회가 적극적으로 대처하면서 한국 사회의 구성원으로 포용하는 마음을 갖도록 이끄는 게 필요하다. 한국사회가 이런 노력을 게을리한다면 테러와 관련된 한국의 미래 상황은 유럽의 현재 상황과 다를 바 없을 수 있다.

또한 정치·경제적 소외계층에 대한 대비책도 함께 마련해 나가야 한다.

급속한 사회 발전이 이루어지는 과정에서 기대감은 증가하지만 그 열망을 채워주기 어려운 상황이 지속될 때 사회에 대한 불만과 소외가 확대되면서 '묻지 마 테러행위'로 분출될 수 있다.

테러는 예방이 최선의 방책이지만 테러 위협은 예측하기가 매우 어렵다. 따라서 철저한 방지 시스템 구축이 필요하고 구호 매뉴얼 준비와 함께 눈에 안 보이는 테러 취약요소 제거, 민관이 연계한 대응책 마련 등 총체적이고 포괄적인 안보 개념 하에 테러의 위협에 대비해야 한다. 오슬로 정부청사에서 폭탄 테러를 한 뒤 30km 떨어진 섬으로 이동해 제2의 범행을 일으키기까지 몇 시간 동안의 무방비로 인해 피해가 더욱 커졌다는 것 역시 시사 하는 바가 적지 않다.

사회적 소외와 불만이 '테러의 씨앗'

테러는 예방이 최선의 방책이다.

테러는 오늘날 국제사회가 직면한 가장 심각한 안보와 치안의 문제다. 한국 역시 테러의 안전지대라고 할 수 없다. 한국도 1983년 아웅산 테러사건부터 2009년 예멘 관광객 폭탄테러사건까지 다양한 국내외 사례가 있다.

서방 정보기관은 한국의 국제적 위치를 비롯해 미국의 우방국이라는 점 때문에 알카에다나 탈레반 등 해외 무장조직이 국내에서 활동할 가능성을 꾸준히 제기해 왔다. 특히 서울은 미국 등 서방 우방과 정치경제적 교류와 협력이 활발한 국제도시라는 점에서 주목을 받고 있기 때문에 국제테러집단의 표적이 될 수도 있다.

새터민과 외국인 체류자가 증가하고 있고 이 가운데 이슬람권 이민자 및 체류 외국인이 상당수 있음을 감안할 때 국내 원인에 따른 자생적 테러 위협도 한번쯤 돌아보아야 한다. 이들이 사회에 적응하지 못해 기대와 충족감 사이의 격차가 확대되면 반한 감정과 좌절감 속에서 결국 테러를 일으키도록 부추길 소지도 배제할 수 없다. 정부와 사회는 이들을 진정 우리 구성원으로 받아들이는 열린 정책과 자세를 갖춰야 한다.

또한 급격한 상업화, 민주화 과정에서 발생한 경제 정치적 소외집단에도 관심을 가져야 한다. 이들은 상대적 박탈감에서 비롯된 차별에 대한 불만을 폭력으로 해소하려 하기 쉽다. 특정 이데올로기에 기반을 두거나 테러집단과 연계하지 않으면서도 테러를 자행할 수 있는 소외계층이 형성되는 데 대한 대비책도 함께 찾아나가야 할 것이다. 최근 다른 나라에서 발생하는 테러 사례를 타산지석으로 삼아야 한다.

무엇보다 가장 우려스러운 것은 북한의 위협이다. 북한은 극심한 경제난과 핵개발, 천안함 사건과 연평도 도발로 국제사회의 따돌림까지 받고 있으며 경제적으로 어려움을 겪고있다. 이를 타개하기 위해 북한은 자력갱생을 부르짖고 있지만 현 상황은 간단치 않다. 기대만큼 남북 관계도 발전되지 못하고 있다. 이를 돌파하기 위해 언제든지 한국의 국제 위상을 저해하기 위해 직접 공격이 아니라도 핵 실험이나 미사일 발사, 제2의 비행기 폭파 사건, 서해안 국지 도발 등 또 다른 테러 위협을 가할 수 있다.

상상해 보자. 만약 자살 폭탄테러가 인천공항에서 발생하고 중요한 다중이용시설이 테러공격을 당하고 국제 테러조직이 해외에 진출한 국내기업과 대사관을 위협한다면 과연 우리 생명과 재산을 안전하게 지킬 수 있을까.

테러는 예방이 최선의 방책이다. 최근 소말리아 해역에서의 연이은 해적 퇴치는 우리의 위상을 높일 좋은 기회였다. 그러나 허점은 엉뚱한 곳에서 어디서든지 나타날 수 있다. 정부는 우리 사회 여러 방면의 소외와 불만에 귀를 기울여야 한다. 아울러 그 어느 때보다 국가 안전과 테러에 경각심을 가지려는 국민의 노력이 절실하다.

인권과 안보…난민을 바라보는 서로 다른 시각

우리 모두에게 가장 소중한 것은 일상생활의 평온함이다.

2018년 제주도로 유입된 561명의 예멘 난민 처리 문제는 찬반 입장이 첨예하게 대립되었었다. 이주민과 난민 문제가 이제 우리에게 새로운 안보 이슈가 된 것이다. 대규모 난민과 이슬람 테러리즘 문제로 가장 힘든 곳은 유럽이다. 유엔 통계에 따르면 2018년 1~5월 3만5000여 명의 난민이 지중해를 건너 유럽 대륙에 도착했다.

유럽은 지금도 난민 처리 문제가 전후 최대의 위기 상황으로 진퇴양난의 기로에 서 있다. 그러나 지금까지처럼 순수한 연민과 동정만으로 접근해서는 결코 해결할 수 없다. 난민의 물결은 거창한 종교적 이념과 정치적 문제도 있지만, 이보다는 주로 먹고살기 위한 생존적 이유가 주요 원인이라는 게 새로운 시각이기 때문이다.

그래서 세계적인 철학자 슬라보이 지제크는 그의 저서 새로운 계급투쟁에서 난민과 테러 문제의 기본 바탕은 바로 계급투쟁과 빈부격차이기 때문에 난민 정책을 철저히 바꾸지 않으면 머지않아 유럽에는 아프리카 난민에 이어 다른 국가의 난민들이 그 뒤를 이을 것이라고 경고했다. 실제로 최근 중동 불안정으로 촉발된 거대한 난민 유입은 유럽의 기존 사회 질서를 침해하고, 기독교 문화인 유럽 문화의 정체성까지 위협하고 있다.

사실 프랑스가 샤를리 에브도 테러에 이어 연이어 테러 표적이 되었던 것은 대외적으로 이슬람 과격주의 척결에 앞장서고 있었던 점도 있었지만, 그보다는 불경기로 인해 일자리를 잃고 사회에 불만을 품은 이민자들이 증가했고, 이들을 이슬람국가ISIS 등 이슬람 극단주의 무장단체들이 전략적으로 활용했기 때문이라는 게 종합적인 지적이다. 인종적 측면에 치우쳐 바라본 편견을 경계하는 균형적 분석이다. 최근 난민을 바라보는 시선이 냉철하게 변하고 있는 것을 보여주는 현상이다.

지금까지 인도적 차원에서 난민을 받아야 한다는 여론이 우세했다면 난민 중에 테러리스트들이 유입되거나, 이들이 정착 후 자생적 테러조직으로 성장할 수 있다는 사실이 밝혀진 다음부터는 난민에 대한 거부감이 강해지고 있는 실정이다. 더구나 유럽은 최근 몇 년간 경제난과 실업률 증가로 이주민에 대한 반감이 나타나 영국은 브렉시트유럽연합 탈퇴를 선언했다.

하지만 유럽의 정치권이나 지성인들은 난민 문제에 대해서 어떤 명확한 선택과 결정도 내리지 못하고 난감한 상황에 빠져 있다. 그들을 바다나 피난민 수용소에서 그냥 죽게 한다는 것은 서구 문화가 자랑하는 인도적 정신에 위배되는 것이고, 그렇다고 계속해서 받아들이자니 자국의 정체성과 공동체의 안전이 위협받는 상황이 두렵다.

우리 사회에서도 이주민들이 느끼는 차별에 대한 불만, 편견 및 일자리 경쟁으로 인한 사회 갈등은 얼마든지 촉발될 수 있는 문제다. 다문화 사회로의 진입으로 불법이주민 관리와 난민 대처 등 인구이동 문제가 한국의 사회·안보적 문제로 대두될 수 있음이 예고되고 있다.

특히 제주도의 우려처럼 불법이주자의 확대로 인한 사회의 불안정 현상 및 인종·종교·문화·경제적 측면에서 야기될 수 있는 분쟁과 테러의 확산 가능성 문제들은 이제 우리가 사전적으로 대비해야 할 신흥 안보적 쟁점이라 할 수 있다.

따라서 우리 정부는 국가주권 개념을 근본적으로 재고해 이주민·난민의 인권 문제를 단순히 서구문화와 이슬람문화라는 문화적 측면의 이분법적인 대립 구조로만 보지 않고 안보적 측면을 포함한 다양한 관점에서 살펴보고, 자주적이면서도 국제사회와 공조하는 새로운 차원의 국제적 협력을 구상하는 것이 무엇보다 필요하다.

물론 민주주의와 인권의 가치는 세계 공통의 가치이기도 하지만, 한 가지 분명한 것은 우리는 결코 테러리스트와 테러의 희생자를 혼동해서는 안 된다는 점이다. 우리 모두에게 가장 소중한 것은 일상생활의 평온함이다.

광화문광장서 차량 돌진 사태 벌어진다면

차량 돌진 테러, 우리에게도 가능하다

지난 2018년 캐나다 토론토 번화가에서는 차량 돌진 테러가 발생해 수십 명의 사상자가 발생했다. 한국인도 3명이 숨지고, 3명이 다쳤다. 만약 주말 광화문광장이나 이태원 음식거리, 홍대 앞 버스킹 등 우리 거리에서 차량을 이용한 돌진 테러가 발생한다면 어떻게 될까?

대표적으로 광화문광장을 살펴보자. 이곳 광장은 차량 이동이 많은 도심 한가운데 위치해 있는 데다 인도와 차도를 구분하는 경계 턱도 낮아 차량 진입 위험에 항상 노출돼 있다. 4월 마지막 주에 측정한 결과 화분과 화분 사이 간격은 2.5~3m 정도로 보통 밴 차량의 경우 2m 이하인 차량이 대부분이어서 화단 사이로 진입이 가능하다.

횡단보도를 통해서도 차량이 얼마든지 광장에 진입할 수 있다. 더구나 광장과 차도를 구분하기 위한 안전 턱이 차도와 인도의 경계보다 훨씬 낮은 15㎝에 불과하고 그나마도 각이 지지 않고 동그랗게 깎여 있어 차량 진입이 충분히 가능하도록 돼 있다. 볼라드 같은 차량 차단용 안전블록 설치는 미흡해 수많은 차들 가운데 한 대만 들어와도 큰 피해가 발생할 수밖에 없다.

실제 2011년에는 새벽에 택시 한 대가 광화문광장에 들어가 지하보도까지 진입하는 엽기적인 일이 벌어졌다. 1992년 공원으로 조성되기 전의 여의도광장에서도 승용차 한 대가 광장에 진입해 놀이를 즐기고 있던 시민들을 치어 21명이 중경상을 입었던 적도 있다.

최근 차량 돌진 테러가 잇따르면서 세계 각국은 행인들을 보호하는 방어벽 설치에 힘쓰고 있다. 최근 유럽연합EU은 극단주의자들의 차량 돌진 테러를 차단하기 위해 10억유로약 1조3000억원를 조달하기로 결정했으며, 파리와 영국에서는 보행자가 운집하는 지역을 방어하기 위한 차량 돌진 방호용 구조물들이 들어서고 있다.

독일도 마찬가지다. 2016년 베를린 크리스마스마켓 차량 테러 공격 후 비슷한 대책이 강구됐다. 미국 주요 도시에서도 돌진 차량에 대해 원천적으로 차단할 수 있는 차단방호등급을 보유한 볼라드를 몇백 m씩 설치하는 등 안전 조치가 강화되고 있다. 라스베이거스는 무려 500만달러를 들여 1

만5000파운드 무게의 차량이 시속 80㎞로 돌진해도 견뎌낼 수 있는 700개의 튼튼한 장애물을 설치했다.

군이 테러범이 아니어도 정신이상자·사회불만자 등 누군가 불만을 품고 차를 타고 사람들을 향해 돌진한다면 대형 참사는 벌어질 수 있다. 유럽에서 자주 발생하는 차량 돌진 테러가 남의 나라 일만은 아니며, 우리에게도 얼마든지 가능한 일이다.

한국, 테러 청정지대… 나 홀로 교만의 위험

한국 역시 테러의 청정지대라는 나 홀로 교만이
얼마나 안보의 위험을 초래할 수 있는지 깨달아야 한다.

2018년 3월 중세 유적지로 유명한 프랑스 남부 소도시인 트레브의 슈퍼마켓에서는 이슬람 국가ISIS에 경도된 테러범이 인질 총격 테러를 벌여 많은 사상자가 발생했다. 이 시기 시리아에서도 ISIS가 다시 움직임에 들어갔다. 이는 당시 고전하고 있던 ISIS 조직이 과연 향후 해체 수순으로 전개될까 하는 의문이 들게 했던 사건이었다.

그동안 세계의 많은 젊은이들이 ISIS의 전사가 되겠다고 국경을 넘었던 것은 ISIS가 청년들의 잃어버린 꿈과 이상을 실현할 수 있는 유일한 대안이라는 환상 때문이었다.

히잡을 쓴 아랍 여인과 알라 소리 들으며 황토 빛 성벽 안의 우아한 레스토랑과 그림 같은 술집, 고급 자동차와 좋은 집을 가질 수 있다는 환상은 국경을 넘을 만한 충분한 유혹이었다. 그러나 그것보다 중요한 이유는 이슬람에 대한 종교적 신념이었다. ISIS는 이슬람교의 신앙공동체라고 하는 움마를 국가 형태로 구현해 수립했음을 선포하고, 이슬람제국의 건설과 확장에 관심을 보였다. 바로 이것이 ISIS에 동조하는 젊은이들이 전 세계 각처에서 모여들어 해외 출신 지하디스트FTF를 규합하게 했던 이념적 원인이었다. 실제 이슬람권 내 많은 젊은이들은 ISIS 이념과 정통 칼리프 정치체제를 동일시하고 있으며, 폭력, 이념, 극단성으로 규정되는 ISIS 부류의 이념이 이슬람 공동체를 결성하는 유일한 수단이라고 믿고 있다.

이들이 폭력적 극단주의라는 이념하에 재결집할지 모른다는 우려는 증가할 수밖에 없다. 최근 미국 국무부는 ISIS가 여러 곳에서 재결집에 나섰다면서 점점 더 심각해지는 상황이라고 염려했다. 더구나 ISIS 전략은 바뀌고 있다. 본국으로 귀국한 ISIS 대원들이 훨씬 광범위한 지역에서 테러를 시도하고 있다. 그동안 훈련시킨 테러대원을 출신국으로 보내 자생 테러를 가하도록 하고 있으며, 시리아 이라크를 중심으로 중동지역 테러를 재개하고, 동남아시아 등 역외 지역으로 확산시키고 있다. 즉 근거리 적과 원거리 적 모두를 대상으로 하는 일종의 전일적全一的 동시타격 전략을 수행하고 있는 것이다.

더군다나 향후 일종의 FTF 동문Alumni이 조성되면서 세계 각지에 테러 유경험자들이 흩어져 비밀 네트워크를 결성할 가능성이 매우 높다.

실제로 이들은 SNS 등을 통해 중국의 신장웨이우얼 자치구 출신의 젊은 FTF들에게 지하드를 위한 테러 활동을 부추긴 적도 있다.

분명히 ISIS의 세력은 그 힘이 매우 약화됐지만 아직은 세계 도처에 엄연히 존재하고 있다. ISIS 격퇴전이 끝났지만 결코 포스트 ISIS 시대가 밝아 보이지 않는다. 한국 역시 테러의 청정지대라는 나 홀로 교만이 얼마나 안보의 위험을 초래할 수 있는지 깨달아야 한다.

국내 자생테러 위협과 우리의 대응

- 증오와 적개심은 사랑과 평화를 통해 치유할 수 있다 -

자생적 테러리스트 더 위험 '안전지대'는 없다

자생적으로 만들어진 테러리스트 '외로운 늑대'
세계 곳곳에 거점 마련…수시 테러 가능성 커져
한국 안보환경 유럽과 유사, 위험에 노출 가능
사회 구조적 불의·소수자 차별·멸시가 원인

2013년 발생한 미국 보스턴마라톤 폭탄 테러를 다룬 영화 '패트리어트 데이'에서는 다리가 잘려나간 시민, 얼굴에 피를 흘리는 참가자 등이 뒤엉켜 순식간에 아비규환으로 변한 당시의 참상과 테러의 공포로 휩싸인 끔찍한 도시 모습을 생생하게 보여준다.

상기 테러는 국제 테러단체에 의해 저질러진 것이 아닌, 미국에서 성장한 이민자에 의해 자발적으로 이루어진 자생테러로 확인되면서 미국사회에 큰 충격을 주었고, 적은 밖이 아닌 내부에 있다는 문제의식이 강하게 나타난 사건이었다. 이는 당시 CNN이 사용한 헤드라인 "It was just us그들은 다름 아닌 '우리'다."한 문장으로 대변된다.

'외로운 늑대lone wolf'로도 불리는 '자생적 테러리스트'는 사회로부터 고립돼 외롭게 생활하며 개인적으로 이슬람 극단주의 단체의 이데올로기나 종교적 신념 등에 심취돼 특정 조직의 명령이나 유사성향의 인원과 연계 없이 자신만의 의지로 행동하는 사람들을 일컫는다. 개념적으로 자생테러homegrown terrorism는 국내자생테러의 준말이며, 국제외입테러와 구별되는 개념이다. 이민자 2~3세대로 태어나서 자라고 교육받은 자국민에 의해 국가 내부에서 발생한 테러라는 점에서 일반적 '국제테러집단에 의한 테러'와는 다른 새로운 유형의 테러라고 할 수 있다.

전문가들은 최근 영국, 프랑스, 벨기에 도심을 강타하는 테러의 특징은 '외로운 늑대'가 아닌 할 일 없이 길거리를 어슬렁거리다 테러를 자행하는 '길거리 개stray dog'의 시대로 접어들었다고 분석하기도 한다. 이는 마음대로 행동하는 개들처럼 정교한 방법이나 무기 없이 충동적으로 테러를 자행하기 때문에 사전 예방이 매우 어렵다. 비록 그 나라 국민이지만 소수자인 마이너리티로 살아갈 수밖에 없는 환경과 사회의 차별, 멸시가 이들을 테러로 인도한 것이다. 이는 새로운 테러 주체가 등장하고 있음을 알리는 사건들로써 이른바 '유럽산 테러리스트'가 등장하고 있음을 의미한다.

특히, ISIS는 중동지역 패퇴에 따라 반군 형태 게릴라식 테러로 전환하면서 이들을 추종하는 '자생적 테러리스트'들이 세계 곳곳에 거점을 마련, 수시로 테러를 일으킬 위험성은 오히려 증가할 수 있다는 우려가 많아지고 있다. 따라서 자생테러 문제는 또 다른 전쟁유형으로, 국제사회 모두 대비해야 할 공공의 걱정거리가 된 셈이다.

미국의 징병제는 베트남전 이후 모병제로 바뀌면서 지원자가 급격히 줄고 질이 떨어지자 모병 타깃을 이민자그룹의 소수계 빈곤층으로 했는데, 이는 외국 태생 이민자의 지원 없이는 정상적인 병력규모 유지가 어렵기 때문이다. 복지시스템을 개편해 지원자에게 많은 혜택을 주고, 외국인들에게는 급행 시민권 신청 자격을 부여해 입대 후 1년 안에 시민권을 취득할 수 있게 했다.

그러던 중 2009년 요르단계 미국인 '니달 하산' 소령이 텍사스 포트후드 기지에서 총기를 난사한 사건이 발생했다. 그는 사병으로 입대해서 미군이 제공하는 교육프로그램에 따라 대학의대 졸업 후 정신과 군의관이 된 사례

텍사스 포트후드 기지. 총기난사 사건 추모비 앞에서 한 군인이 희생자를 애도하고 있다. 필자 제공

인데, 파병이라크 또는 아프가니스탄 결정에 따라 같은 모슬렘들과 싸워야 된다는 현실로 인해 고통스러워하다가 테러를 자행한 것이다. 이처럼 많은 나라가 다인종, 다문화 사회로 변화되면서 테러 위협이 증가하고 있으며, 군 내軍內에서도 동일한 현상이 발생하고 있다.

그렇다면 한국은 자생테러로부터 안전할까? 한국은 다른 나라에 비해 치안 정도가 높은 것은 사실이지만, 이슬람 극단주의자들의 테러 대상에 우리나라가 포함돼 있고 남북 대립이라는 특수한 상황에 놓여 있어 우리 역시 자생테러의 안전지대라고 할 수는 없다. 지금까지 한국이 유럽에 비해 자생테러 가능성이 낮다고 판단한 주요 이유는 세 가지다. 기독교와 이슬람교라는 종교적 대칭선이 존재하는 유럽과 달리 종교적 차이로 인한 차별이 적다는 점, 다른 국가를 침략한 역사적 부채가 없다는 점, 한국의 외국인 노동자들이 국제테러단체와 연계돼 있다는 증거가 적다는 점 때문이다.

그러나 최근 들어 급속히 변화하는 한국의 안보환경은 오히려 유럽과의 유사성이 많아지고 있는 상황이다. 한국을 둘러싼 테러 양상과 환경 역시 국제 안보환경에 따라 변하고 있고 점진적으로 다양화되고 있기 때문이다. 특히 외국인 노동자의 유입, 국제결혼 인구의 증가, 새터민과 경제적 불평등으로 인한 사회적 약자가 증가하고 있으며, 이들이 우리 사회에서 느끼는 차별과 소외로 인해 한국사회에 적응하지 못하고 고통과 좌절을 겪는 부분은 오히려 유럽의 상황과도 유사하다.

이처럼 함께 살아가지만 주변인으로서 느끼는 다양한 유형의 차별은 사회적 갈등의 근본 원인이 될 수도 있으며, 이는 자생테러의 잠재적 원인으로 작용할 수 있다. 일반적으로 자생적 테러범들이 테러라는 극단적 선택을 하는 동기는 이념·개인·심리적 보복 등의 요인이 작용하기도 하지만 이것보다는 사회의 '구조적 불의'가 테러의 근본적인 뿌리가 되고 있다는 점을 명심해야 한다.

따라서 한국의 외국인 근로자, 혼혈아, 새터민들이 차별을 받아 고통과 좌절을 겪지 않도록 관련 정책을 정비해야 한다. 만약 '구조적 불의'에 격분한 외국인 노동자가 극단주의 테러단체와 연계되거나, 새터민이 북한의 지령을 받을 경우 우리 역시 테러의 안전지대가 될 수 없다.

외로운 늑대가 되는 가장 큰 이유는 정체성의 혼란과 고립감이다. 우리 역시 소외와 차별로 황량한 들판의 외로운 늑대처럼 갈 길을 헤매는 청년들이 없도록 사회와 병영 내 구석구석을 살피는 따뜻한 분위기가 만들어져야 한다. 결코 어둠이 빛을 이길 수 없는 것처럼, 테러를 야기하는 증오와 적개심 역시 사랑과 평화를 통해 치유될 수 있다. 이런 노력을 함께할 때 한국은 테러 청정 국가를 실현할 수 있을 것이다.

핵물질, 제조보다 절취가 더 쉽다

- 핵물질 불법거래와 국제안보대책 -

국가 중요 핵시설 방호 강화… 국제적 공조 논의 필요

불법자금 차단과 국제협력방안 확대로
핵물질 불법거래 '원천봉쇄' 해야

대량살상무기 적재 의심 선박 등에 대한
공해상 검문검색 확보 방안도 마련해야

앤드류 니콜 감독의 영화 '로드 오브 워LORD of WAR'는 무기 밀거래를 소재로 다뤘다. 우크라이나에서 흘러나온 무려 4조 원어치의 무기가 밀거래되는데 여기에는 소총, 수류탄, 로켓 발사기, 미사일, 심지어는 탱크나 헬기,

핵을 이용한 테러 가능성이 증대되는 가운데 우리나라도 핵물질 불법거래를 예방하기 위한 관리 체계 강화에 경각심을 가져야 한다. 필자 제공

핵무기까지도 포함된다. 이러한 무기 밀거래 문제는 영화에서나 벌어지는 일이 아닌 실제로 발생한다는 데에 심각성이 있다.

과거에 있었던 대표적인 사례 2가지를 소개해 보겠다.

2011년 6월 우크라이나와 루마니아 사이에 끼어 있는 동유럽의 작은 국가 몰도바에서는 핵무기 제조에 쓰이는 '우라늄-235'를 용기에 담아 불법으로 거래하려한 몰도바 국적 4명, 러시아 국적 1명 등 총 6명을 체포했다.

이들은 러시아에서 우라늄을 가져왔으며 북아프리카 지역 국가에 kg당 2000만 달러에 팔아넘기려 했다.

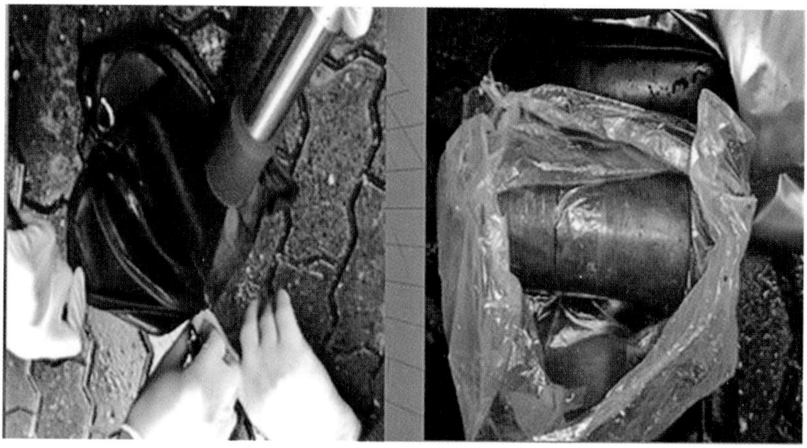

밀수업자들이 ISIS에 판매하려던 핵물질. 사진 제공=몰도바 경찰

2007년 11월 남아공에서 무장괴한 4명이 핵무기 25~30개를 만들 수 있는 분량의 고농축우라늄HEU이 보관돼 있는 '펠린다바'원자력연구센터에 침입했다. 센터는 1만 볼트가 흐르는 전기 철조망과 최첨단 경보시스템으로 철통 경비를 자랑했지만, 치밀하게 준비된 침입자에게는 속수무책이었다.

'핵물질 도난' 사건, 핵 테러 개연성 충분

지금껏 세계 역사상 실제로 핵 테러가 일어난 적은 없다. 하지만 위 사례들처럼 '핵물질 도난' 등의 사건이 핵 테러로 발전될 개연성은 충분하다. 우리가 크게 주목하지 않아 미처 몰랐을 뿐 이것들을 훔치거나 불법적으로 거래하려는 행위가 지속해서 일어나고 있는 것이다.

2016년 벨기에 경찰은 파리 테러2015.11.13. 용의자가 은신했던 브뤼셀 아파트를 수색했다. 이때 용의자의 아파트에서 가동 중단된 독일 '율리히 원자력연구센터'의 인터넷 검색 자료들과 책임자의 사진을 발견했다.

이는 ISIS 테러범이 독일 원자력연구센터에서 핵물질을 탈취하거나 핵 전문가를 납치해 핵폭탄을 제조하려 한 사례이다. 이러한 이유로 현재 각국은 더티 밤Dirty Bomb, 방사성 물질을 이용한 테러 또는 핵원자력 시설 공격 등에 의한 방사능 오염 테러의 가능성을 크게 우려하고 있다.

통상 핵과 관련된 테러리스트들의 행동은 4가지 정도의 시나리오로 예상되고 있다. 첫 번째는 핵폭탄의 도난·탈취에 의한 테러, 두 번째는 핵분열 물질 입수에 의한 테러, 세 번째는 방사능 오염 테러, 마지막으로 방사능 물질 탈취를 통해 방사능 살포 폭탄RDD을 제작하여 테러를 자행하는 유형 등이다. 즉, 핵 테러는 핵무기 또는 방사능 물질을 훔쳐내는 것에서부터 시작된다고 보고 있으며, 테러리스트들 입장에서도 굳이 핵무기를 제조하기보다는 훔쳐내는 것이 더 쉽기 때문에 이를 더 선호할 것이다.

특히 러시아, 북한, 이란, 파키스탄, 베트남, 우즈베키스탄은 핵물질에 대한 보안이 매우 열악한 수준으로 언제든지 핵물질이 절취되거나 불법거래에 노출될 가능성이 많은 실정이다. 더욱이 러시아는 현재 관리 중인 핵탄두 수가 약 1만5000여 개나 되며, 암거래 상인들이 활발하게 활동 중이어서 핵물질 불법거래에 관한 위험성이 가장 큰 국가이기도 하다.

테러조직과 불법거래 한다면…전 세계적으로 큰 위협

2011년 12월 31일 국제원자력기구IAEA의 보고서에서 1993~2011년 불법거래와 관련하여 확인된 사건은 2164건이라는 발표도 있다. 만약 국제범죄조직이 이들 국가를 대상으로 핵물질을 확보하여 테러조직들과 불법거래가 이뤄진다면 전 세계적으로 큰 위협이 될 수 있다.

따라서 실제 벌어지고 있는 핵물질 불법거래를 어떻게 막고 예방하며, 또 각종 핵시설들을 안전하게 방호하는지에 대한 대책을 마련하는 것이 무엇보다 중요하다. 그래서 위험 물질인 고농축우라늄과 플루토늄의 보유와 이용을 최소화하고 핵시설에 대한 물리적 방호를 강화하며, 핵물질을 손에 넣기 위해 노력 중인 국제범죄조직을 색출·검거하는 데 국제적인 협력 확대와 공조 방안 마련이 필요하다.

또한 이를 원천적으로 봉쇄하기 위해서는 핵물질 불법거래의 역할을 수행할 수 있는 국제범죄조직의 불법자금을 차단하고, 이를 위한 국제협력방안도 확대하여야 하며 원자력 시설 등 핵 관련 시설 종사자들의 정보보호 신뢰성 확보와 대량살상무기 적재 의심 선박에 대한 공해상公海上의 검문검색 확보 방안 등까지도 마련되어야 할 것이다.

2009년부터 주요 핵무기 보유국과 원전 보유국들이 참여하여 2년마다 개최2012년 한국 개최하고 있는 '핵 안보정상회의NSS'의 중심 어젠다Agenda도 핵

안보Nuclear Security이다.

즉, 핵물질과 핵시설을 테러집단의 위협에서 보호하기 위한 국제적인 협력 방안을 찾자는 게 이 회의의 가장 중요한 목표이다.

따라서, 우리나라 역시 핵물질과 관련된 국가중요시설의 방호체계 확립과 핵물질 불법거래를 막기 위한 관리체계를 더욱 강화하고, 핵물질이 테러리스트들의 불법거래에 악용될 가능성에 대해 다시 한 번 경각심을 가져야 할 것이다.

테러 방지 명분은 무엇이어야 하는가

- 반테러정책의 궁극적인 명분은 국민의 자유와 행복 -

인권개념 중시하는 인간 안보측면 고려한 반테러정책 수립해야

우리는 지금 테러의 시대에 살고 있다. 미국과 유럽, 그리고 중동 등 지구촌 곳곳에서 눈만 뜨면 발생하는 테러는 여전히 공포이다. 이제 '테러'라는 끔찍하고 섬뜩한 단어가 어느 사이 일상 깊숙이 파고들었다. 일반적으로 테러는 정치가나 군인뿐만 아니라 거리의 무고한 시민을 겨냥하기도 하지만 9.11 테러처럼 인류의 비극을 초래하기도 한다.

이제 테러는 단순히 범죄행위를 넘어 세계 곳곳에서 벌어지고 있는 '테러와의 전쟁'처럼 전쟁의 형태로 변화됐다. 어떻게 보면 테러는 정치적 현상이다. 그러나 테러를 정치적 현상으로만 파악하려 든다면 테러의 정의에 대한 국제적 합의는 불가능해진다. 따라서 '선과 악'이라는 이분법적 구도로 테러

이미지=iclickart

를 비판하던 종래의 관점에서 벗어나 보다 복합적이고 상호 유기적으로 연구할 필요가 있다.

현재 테러리즘을 둘러싸고는 미국과 영국 등의 서방과 중동, 남미 등의 제3세계가 대립하는 것만으로 보인다. 물론 국제 테러리즘에 대해 많은 사람들은 대부분 아랍, 아랍인들, 이슬람교, 성전, 반미주의 등을 연상하게 된다. 모두가 정치적·사회적·종교적 개념들이라 할 수 있다. 그러나 국제테러의 양상은 이제는 일개 국가의 힘만으로 대응하기에는 큰 어려움이 있다. 이는 테러의 목적과 형태가 갈수록 다양해지고 있을 뿐만 아니라 그 세력이 국경을 초월하여 세계적 네트워크를 형성하고 있기 때문이다.

우리나라 경우도 세계 속에서 정치경제적 위치가 점차 중요해짐에 따라 미국의 우방국으로서 한국인을 대상으로 한 테러 공격과 위협이 끊이지 않고 있다. 북한에 의한 테러와 사회 불만 세력들에 의한 자생적 테러 위협 등이 예상되고 있어 이를 명확히 직시할 필요가 있다. 만에 하나 국제적 연계를 가진 알카에다, ISIS와 같은 극단적 테러조직이나 북한의 테러 또는 최근 우려되고 있는 이민자, 외국인, 사회적 소외 계층에 의한 자생적 테러가 이 땅에서 발생된다면 굳이 대량살상무기가 아니더라도 그 충격과 피해는 상상할 수 없는 국가적 재앙이 될 것이다.

하지만 정작 테러의 위협과 대응에 대해서 심각하게 우려하는 경우는 많지 않다. 따라서 테러의 원인과 방법론은 모든 사람에게 알려져야 한다. 즉, 테러에 대해 무조건적으로 동의하거나 남의 일이려니 하며 관심을 끊어버리는 태도를 버리고, 보다 균형적인 관점에서 국내에서 발생 가능한 테러를 이해하고 대응할 필요가 있다.

더구나 한국 사회의 발전과 세계화의 진행, 최근 들어 가시화된 국제적 대테러 연대의 출현 속에서 우리나라 역시 국제 테러의 현재적·잠재적 피해 대상국으로 예외가 될 수 없기 때문이다. 특히, 테러의 위협 예측이 매우 어렵기 때문에 철저한 방지 시스템 구축이 필요할 뿐만 아니라 구호 매뉴얼 준비, 눈에 안 보이는 테러 취약요소 제거, 민관이 연계한 대응책 마련 등 총체적이고 포괄적인 안보개념 하에서 테러의 위협에 대비해야 한다.

따라서 법적·제도적 장치로서 테러방지 관련 법안의 제정과 테러의 예방과 조치를 원활히 수행하기 위한 통합된 대테러센터의 역할도 중요하지만, 더욱 중요한 것은 국민의 인식 변화와 전문가 양성이다. 사전 예방책과 사후 대비책인 위기관리체계도 구축해야 한다. 즉, 테러 조직을 사전에 파악하고 거점을 확인해 조직을 와해시키거나 조직원들을 체포함으로써 테러를 사전에 예방하는 사전적 예방책과 함께 인질 및 항공기 납치 등과 같은 사건이 발생했을 경우 현장에서 사건을 처리하는 노력과 능력의 사후적 대응책도 철저히 강구되어야 한다.

그러나 우리가 주의하고 조심해야 하는 두 가지 사항이 있다. 첫째는 '반(反)테러'의 이름으로 강권적인 법률 하에 국민의 기본적인 인권이 짓밟히고 정부와 정보기관에 의해 시민의 자유권과 민주주의가 박탈당한다면 어떤 대응을 취해야 하는가하는 문제이다. 두 번째는 극단적인 테러리스트들의 공격이 백주대낮에 벌어져 수백 명의 무고한 시민들이 목숨을 잃고 국가가 혼란에 빠지는 급박하고 위급한 상황을 예방하기 위한 방안으로, 기본권을 제한할 수 있는 테러방지 활동과 법률 적용이 유일한 해결책이라면 어떻게 해야 하는가 하는 문제이다.

둘 다 동전의 양면과도 같은 문제이다. 자칫 지금까지 우리 사회에서의 일반적 논쟁의 경우처럼 테러방지와 관련된 논쟁도 결국은 좌·우파에 따라 기계적으로 구조화 될 수밖에 없는 상황이 올 수 있기 때문이다.

그러나 반테러정책의 궁극적인 명분은 국민의 자유와 행복이라 할 수 있다. 따라서 지금까지 진행한 테러방지정책이 국가안보논리에 지나치게 중점을 두고 진행했다면 앞으로의 방향은 인권개념을 도입한 인간 안보측면을 좀 더 고려하여 검토하는 게 필요하다. 즉, 테러방지의 기준은 국민들의 현재와 미래의 삶에 도움이 될 것인가와 국익을 위한 당위적 논리가 상호 허용될 수 있는 방향에서 마련되어야 한다.

로마인들의 안보 securitas...
신흥안보로 부각되는 이주민과 난민문제

로마인들은 안보security의 어원을
라틴어 세쿠리타스securitas에서 찾았다.

국민이 불안과 근심 같은 위협에서 벗어나 마음의 평온한 상태를 뜻하는 말이다.

오늘날 안보라는 개념을 논할 때 가장 먼저 살펴야하는 기준은 먼저 '누구를 위한 안보인가'라는 대상의 문제, 다음으로는 '안보를 확보하기 위해 정치, 경제, 사회적 가치에 대해 얼마만큼의 대가를 치러야 하는가'라는 비용의 문제, 그리고 안보의 우선순위priority 및 접근방법의 변화를 어떻게 규명할 것인가 하는가를 살펴야 한다는 게 안보 전문가들의 일반적 관점이다.

이는 대포와 총을 앞세워 한 국가를 정복, 지배하는 전쟁의 형태는 냉전시대의 종료로 더 이상 무의미해졌고, 대신 경제를 중심으로 사회, 문화, 국민의 안전 등과 같은 부분이 국가안보의 주요 이슈로 부상하고 있기 때문이다.

더구나 9.11 테러를 계기로 국제범죄, 테러, 산업보안, 통상마찰, 난민사태와 같은 인도적 위기 등이 전 세계적으로 급증하고 있는 것은 안보를 이해하고 접근하는 시각과 방법을 변화시키고 있다.

특히 오늘날은 언제 어느 때, 어떤 위험이 우리 곁에 도사리고 있는지 예측하기 힘든 매우 불확실한 시대이기 때문에 미리 외부의 적을 설정해 놓고 군비증강만을 추진해 온 지금까지의 전통적 안보방법으로는 더 이상 평화와 안전을 지켜낼 수 없는 것이다.

더구나 국제테러단체에 의한 연쇄적 테러와 내전 등으로 중동 및 아프리카로부터 난민들이 계속 급증하고 있어, 불법이주민 및 난민대처와 같은 인구안보문제는 신흥안보개념으로 관심이 고조되고 있다.

그래서 인간중심적 체계로서 기본적 자유, 즉 공포와 결핍으로부터의 자유를 추구하는 인간안보는 국민에게 안보가 왜 중요하고, 국가가 왜 존재하는지를 잊지 않게 해주는 기초가 된다. 하지만 난민문제는 최근 제주도 예멘 사태처럼 쉽게 접근할 수 없는 어려움이 많다.

만일 인도적 피해자인 난민들을 방치하거나 외면한다면, 단기적으로는 자국의 안정을 도모할 수 있지만 인류애적인 측면에서는 잘못된 것이기 때문이다. 그렇다고 이들 문제를 제대로 관리하지 못할 경우 안보위협의 주요 행위자가 될 수 있다는 현실 정치적 관점도 경시 할 수도 없는 상황이다. 그래서 다른 나라의 일만 같았던 난민문제가 한국에서도 중요한 화두가 되고 있는 것은 앞으로 고민해야 할 안보적 과제이다.

일반적으로 국제법상 난민refugee은 인종, 종교, 민족, 특정사회집단의 구성원 신분, 또는 정치적 의견을 이유로 박해를 받을 우려가 있는 자로서 국적국의 보호를 받을 수 없거나 또는 공포로 인하여 국적국의 보호를 받는 것을 원하지 아니 하는 자"로 정의한다.

그래서 수용국에서 난민들이 느끼는 것은 차별에 대한 불만, 편견 및 일자리 경쟁으로 인한 사회갈등의 고조 등 배타주의의 강화현상과 함께, 난민유입의 지역적 확대와 국가 간 긴장 및 전염병 전파위협 과 같은 안보문제를 우려하는 것이다.

따라서 한국에서의 난민과 이주민의 문제도 다문화사회 진입으로 자칫 사회적, 안보적 문제로 대두 될 수 있다. 이는 제주도의 난민 유입 경우처럼 특정국가 출신이나 이슬람과 같은 종교집단에 속한 이민자의 규모가 클수록 주류문화에 대한 위협이 될 수도 있고, 이것이 국가의 다문화주의 정책에 대한반감과 회의론이 커질수 있기 때문이다.

그래서 향후 난민에 대한 접근의 방향도 경제학적 관점이나 사회학적 관점보다는 오히려 안보의 측면에서 바라보고, 국민의 자유와 평화라는 절대적 가치를 훼손하지 않는 측면에서 강구될 필요가 있다.

결국 진정한 안전보장은 한 사람의 작은 불안이라도 관심 있는 자세로 함께하는 것에서 시작하는 것이다. 앞으로도 난민 등 인구이동과 관련된 문제는 인권문제, 글로벌 테러리즘요인과 함께 저 출산, 고령화, 노동력 감소 등 인구 마이너스 현상으로 인한 병력감소문제를 어떻게 극복하고 대응할 것인가 하는 문제 등 복합적 요소들을 동시에 고민하고 적극적으로 검토해야한다.

그것은 국민의 생명과 안전을 지키는 일이 국가의 최우선적 책무이기 때문이다. 최고의 안보는 사람의 생명을 지키는 일이다.

21세기 메가트렌트... 난민은 어디로 가는가?

난민의 인권보호와 국민의 안전 및
안보 문제와의 조화 등 신중히 고려해야

2018년 예멘인들의 제주도 난민신청 문제는 국내정치의 중심축으로 떠올랐었다. 난민문제는 인간적으로는 갈 곳 없이 천덕꾸러기가 된 인류애적 문제이지만, 정치 사회적으로는 현실적인 문제이다. 이는 박해, 정치적 탄압, 종교적 충돌, 국가실패, 자연재해, 기아와 빈곤, 경제적 활동 등과 같은 복합적 요인과 연계되어 나타나기 때문이다.

대다수 난민들의 경우, 그들은 인도적 지원과 법적 보호를 필요로 하는 무고한 피해자들이다. 그래서 우리의 생명과 인권이 중요하듯 난민들의 생명과 인권 역시 전 지구적 차원에서의 평등이라는 것을 기본적으로 전제해야 한다.

이미지=iclickart

그러나 실제로 최근 유럽에서는 경제난과 실업률 증가로 난민에 대한 반감이 나타나 영국은 2016년 브렉시트유럽연합탈퇴를 선언했고, 프랑스, 스페인 등에서도 난민정책에 반대하고 있다. 유럽에서 난민에 대해 가장 인도적 입장이었던 메르켈 독일 총리마저도 최근에는 "이질적인 문화가 평화롭게 공존하기는 어렵다"는 견해를 밝혔다. 이민의 나라라 할 수 있는 미국 역시 트럼프 정부가 멕시코 국경을 통제하고, 무슬림과 불법이민자로 인한 사회불안 문제를 차단하기 위해 강력한 정책을 펴는 것도 이러한 기류이다.

이들 국가들이 필요로 하는 것은 문화적 차이의 수동적 관용이 아닌 자국의 이익과 자유주의의 적극적 실천이기 때문이다. 어쩌면 난민을 인도적 측면에 치우쳐 바라본 편견을 경계하는 균형적 입장으로, 최근 난민을 바라보는 시선이 냉철하게 변하고 있는 것을 보여주는 현상이다.

현실적으로 난민 해결을 위한 해법과 대안을 찾아내기는 어렵다. 유럽

등지에서 볼수 있듯이 난민 문제는 제대로 관리하지 못할 경우 사회 불안 등의 부메랑이 될 수 있으며, 이들이 테러 유발과 같은 안보 위협의 주요 행위자가 될 수 있기 때문에 인도주의적 관점으로만 접근할 수 없는 게 가장 어려운 문제이다. 유럽 등 다민족국가의 경우 난민들이 흘러들면서 국가 간 안보지형이 심각해지고, 인종그룹별 양극화로 인한 내국인과 이주민의 갈등문제가 공동체 분열을 초래하고, 이로 인해 사회 불안정을 확산시키는 요인이 되고 있다.

그래서 지금 유럽의 정치권이나 지성인들은 난민 문제에 대해서 어떤 명확한 선택과 결정도 내리지 못하고 난감한 상황에 빠져 있다. 그들을 바다나 피난민 수용소에서 그냥 죽게 한다는 것은 서구 문화가 자랑하는 인도적 정신에 위배되는 것이고, 그렇다고 계속해서 받아들이자니 자국의 정체성과 공동체의 안전이 위협받는 상황이 두려운 것이다.

우리 사회에서도 이주민들이 느끼는 차별에 대한 불만, 편견 및 일자리 경쟁으로 인한 사회 갈등은 얼마든지 촉발될 수 있는 문제다. 다문화 사회로의 진입으로 불법이주민 관리와 난민 대처 등 인구이동 문제가 한국의 사회적·안보적 문제로 대두될 수 있음이 예고되고 있다.

특히, 제주도의 우려처럼 불법이주자의 확대로 인한 사회의 불안정 현상 및 인종·종교·문화·경제적 측면에서 야기될 수 있는 문제들은 전쟁이나 국가붕괴와 같은 극단적인 상황을 초래하는 전통 안보 문제와는 달리 특정한 계기와 맞물리게 되면 거시적 국가안보 문제로 비화될 수 있는 '신흥안보 이슈'이기 때문에 이제 우리가 사전적으로 대비해야 할 쟁점적 사항이라 할 수 있다.

물론 민주주의와 인권의 가치는 세계 공통의 가치다. 더 이상 지구촌이 전쟁과 박해를 피해 목숨 건 탈출을 시도하는 난민으로 넘치고 약자와 강자의 양극단의 갈등과 죽음이 상존하는 만인의 투쟁이 벌어지는 세계가 아니라 번영과 행복이 지배하는 자유롭고 따뜻한 사회가 되기를 소망한다. 그러나 한 가지 분명한 것은 우리 모두에게 가장 소중한 것은 일상생활의 평온함이라는 점이다.

따라서 제주도 예멘난민 문제는 찬반론의 이분법적 논쟁 자체에 천착하기 보다는 전쟁과 테러 등 글로벌 분쟁, 앞으로도 더욱 부상하게 될 것으로 예상되는 난민의 인권보호 문제, 그리고 국민의 안전과 안보 문제와의 조화를 어떻게 이루어 나가야 할 것인가 하는 포괄적 패러다임 속에서 이해하고 신중하게 해결점을 찾아야 한다.

난민… 천덕꾸러기인가, 체제경쟁의 상징인가?

난민 문제, 거시적 국가안보 문제로 비화될 수 있는 '신흥안보 이슈'

나라 없는 국민이나 국민이 없는 나라는 국가라 할 수 없다. 그래서 국가의 책무는 외부의 위협이나 침략으로부터 국민과 주권, 영토를 지키고 보호하며, 국민의 생명과 안전을 지키는 안보문제에 최우선적 역량을 집결해야 한다. 특히, 분쟁과 테러가 일상화된 오늘날 불법이주와 난민문제는 이제는 유럽에만 국한되는 게 아니라 세계가 관심을 가져야 하는 새로운 안보 문제라 할 수 있다. 이는 박해, 정치적 탄압, 종교적 충돌, 국가실패, 자연재해, 기아와 빈곤, 경제적 활동 등과 같은 복합적 요인과 연계되어 나타나고 있다.

이미지=iclickart

유엔난민기구UNHCR '2018 글로벌 동향보고서'에 의하면 2017년 말 기준 전쟁·박해·내전·폭력 등으로 쫓겨난 난민을 포함한 전 세계 강제이주자는 6,500여만 명이며, 공식적인 협약난민은 2,590만 명으로, 그 절반은 18살 이하 어린이·청소년이다. 이제 세계는 제2차 대전 이후 최대의 난민위기를 맞이하고 있다. 시리아의 경우는 내전으로 인해 전체 인구의 절반이 넘는 주민들이 난민 신세가 되고, 국제난민이 된 사람도 600만이 넘는다. 이들 중 100만이 유럽으로 흘러들면서 유럽의 안보지형은 심각해지고 있다. 특히, 인종청소로 변질된 미얀마 정부의 박해를 피해 국경을 넘고, 해상탈출을 하고 있는 이슬람 계 소수민족인 '로힝야족'난민은 110만 명에 달한다.

이는 국가가 국민의 평화와 안전을 지키지 못하고, 오히려 지구촌을 떠도는 난민을 만든 상황이다. 장 자크 루소Rousseau가 주장했던 사회계약론적 측면에서도 국가의 역할과 가치를 상실하고 신뢰를 잃는 일이다. 통치자가 도덕과 힘의 복합체라 할 수 있는 국가의 본질을 경시하고 나라를 망치고 있는 대표적 사례이다.

떠도는 대다수 난민들의 경우, 그들은 인도적 지원과 법적 보호를 필요로 하는 무고한 피해자들이다. 죽은 채로 해변가로 쓸려온 세 살배기 '알란 쿠르디'의 충격적 모습은 세계를 울렸으며, 지옥같이 피폐한 난민캠프에서 '부디 저를 잊지 마세요'라며 기도하고 울부짖는 '로힝야족' 난민 어린이들의 참상은 실로 가슴 아픈 현실이다. 그럼에도 이들은 어떠한 정치·경제·사회 상황에 처한 국가로 유입되는가에 따라 수용국가 뿐만 아니라 지역차원의 불안정이나 분쟁을 촉발 또는 악화시키는 등 단지 안보불안을 확산시키는 천덕꾸러기로만 인식, 취급되고 있다.

그러나 현실적으로 난민해결을 위한 해법과 대안을 찾아내기는 어렵다. 난민문제는 제대로 관리하지 못할 경우 사회불안 등의 부메랑이 될 수 있으며, 이들이 테러 유발과 같은 안보위협의 주요 행위자가 될 수 있기 때문에 인도주의적 관점으로만 접근할 수 없는 게 가장 어려운 문제이다. 사실 유럽 등 다민족국가의 경우 인종그룹별 양극화로 인한 내국인과 이주민의 갈등문제가 공동체 분열을 초래하고, 이로 인해 사회 불안정을 가져올 수 있는 가장 큰 원인으로 작용되고 있다.

실제로 최근 몇 년간 유럽에서는 경제난과 실업률 증가로 난민에 대한 반감이 나타나 영국은 2016년 브렉시트Brexit, 유럽연합탈퇴를 선언했고, 프랑스, 스페인 등에서도 난민정책에 반대하고 있다. 이민의 나라라 할 수 있는 미국 역시 트럼프 정부가 멕시코 국경을 통제하고, 무슬림과 불법이민자로 인한 사회불안 문제를 차단하기 위해 강력한 정책을 펴는 것도 이러한 기류이다.

따라서 최근 중동과 아프리카, 미얀마 등 세계 곳곳에서 분쟁으로 야기된 이주민 관리나 난민대처문제는 전쟁이나 국가붕괴와 같은 극단적인 상황을 초래하는 전통 안보문제와는 달리 특정한 계기와 맞물리게 되면 거시적 국가안보 문제로 비화될 수 있는 '신흥안보 이슈'이기 때문에 보다 포괄적인 안보패러다임 속에서 이해하고 해결점을 찾아야 한다.

우리가 현재 직면하고 있는 북한이탈주민, 이주노동자, 다문화 가족 등의 문제를 풀어감에 있어서도 정치적·종교적·인종적 관점에서만 접근하는 것 보다는 관점을 달리해서 보는 노력도 필요하다. 최근 변화되고 있는 남북 관계 역시 어쩌면 이제는 인류가 경쟁과 적대, 갈등과 분쟁이라는 공멸共滅의 길로 나아가는 대신 조화와 상생, 대화와 융합이라는 공존共存으로 나아가는 것이 평화를 갖게 되는 해법임을 깨달은 증거일 수 있다.

그래서 우리의 생명과 인권이 중요하듯 난민들의 생명과 인권 역시 전 지구적 차원에서의 평등이라는 것을 기본적으로 전제해야 한다. 더 이상 지구촌이 전쟁과 박해를 피해 목숨 건 탈출을 시도하는 난민으로 넘치고, 약자와 강자의 양극단화의 갈등과 끊임없는 공포와 폭력에 의한 죽음의 위험이 상존하는 '만인의 투쟁이 벌어지는 세계'가 아니라 상호 협조하고, 번영과 행복이 지배하는 자유롭고 따뜻한 세계가 되기를 소망한다.

런던 테러, 남의 얘기만은 아니다

자유로운 번영과 평화는 혼자가 아닌 함께의 중요성을 직시할 때만 실현

최근 들어 ISIS의 쇠락으로 테러상황은 한풀 꺾였지만 2017년 한해 영국에서는 모두 3건의 테러가 발생했다. '웨스트민스터 브리지'에서 차량 돌진 테러가 있었고, 맨체스터 공연장 테러에 이어 수도 런던에서 차량, 흉기 테러가 또다시 일어났다. 필리핀에서도 이슬람 국가ISIS와 연계된 무장단체 공격으로 계엄령이 선포되었다. 유럽뿐만 아니라 아시아에서도 공포와 분쟁은 지금도 이어지고 있는 상황이다. 언제까지 폭력적 극단주의 광기에 세계가 유린되어야 하는지 걱정이다.

왜 이렇게 테러는 계속되는가? 테러의 구조에 대한 종합적인 분석의 틀

을 찾아내는 일은 너무 복잡하고 쉽지 않은 사항이다. 서구의 역사적 과오, 부당하게 빼앗긴 자의 소리 없는 눈물과 응어리, 서방에 의해 짓눌린 종교적 가치와 문화적 자존심에 대한 아랍인들의 모욕감에 대한 세심한 배려의 부족 등은 공격하는 측의 주장이다. 그러나 이 주장은 실제 이상 과장된 측면이 있다. 극소수 급진 테러 조직들의 명분과 이데올로기에도 불구하고 9·11직전까지만 해도 테러라는 방식은 억압받는 이슬람 세계의 일반적인 대응 형식이 아니었기 때문이다. 더구나 무슬림이 내세우는 종교적 가치와 자긍심에 대한 무참한 유린이라는 종교적 이유는 십자군전쟁 때와 마찬가지로 힘을 동원하기 위한 수단에 불과하다.

그런 측면에서 오히려 오늘날 유럽이 경험하고 있는 테러의 끔찍함과 공포는 표면적으로는 종교적 이유를 내세우지만, 테러를 일으키고 지속시킨 배후의 실제 힘은 경제적 갈등과 차별과 같은 '경제적 동기'라는 로레타 나폴레오니의 분석이 타당할지 모른다. 프랑스와 영국 등 유럽의 테러리스트들은 대부분 그 사회에서 소외와 차별로 정체성을 느끼지 못하는 이민 2~3세의 이단아들이다. 그들이 극단화될 수밖에 없는 것은 정치, 종교적 이념보다는 가난하고 열등한 상태에서 주변인으로 살아야 하는 유럽의 길거리이기 때문이다. 소외와 차별은 좌절하게 하고, 희망이 없는 좌절은 분노로 인한 자포자기식 행동을 야기하는 게 테러의 일반적 공식이다.

최근 독일 '슈피겔'의 편집국장 클라우스는 "이라크, 시리아 등 실패국가에서는 경제가 붕괴되고 있으며 이로 인해 무기력과 분노에 빠진 힘없는 젊은이들이 서방 및 아랍의 힘센 자들을 타격함으로써 일종의 보상심리를 얻기 위해 테러에 나서고 있다"고 말하기도 했다. 프랑스 경제학자 토마 피케티는 중동발 테러의 원인은 "경제적 불평등 때문"이라 주장하며, 테러를 막기 위해서 "유럽은 통합과 일자리 창출을 되살려야 한다"고 촉구했다.

물론 대규모 난민 유입과 테러로 몸살을 앓고 있는 유럽에서 반이민과 배타적 국수주의로 사회적 분위기가 급변하는 것을 단순히 경제적 계산과 정치적 지배에 젖은 서방의 이기적 발상이라고 탓할 수만은 없다. 이슬람 공포증에 사로잡힌 유럽인들에게 무슬림과의 대결과 반목 대신 공존과 변화의 길만을 주문하는 것은 또 다른 이기심일 수 있기 때문이다.

그러나 명심해야 할 것은 단절된 것의 넓은 포용 없이는 결코 평화는 요원하다는 사실이다. 한번 갈라진 상대는 상호공존하기 쉽지 않으며, 더구나 서로가 상대 없이는 존재할 수 없는 게 세상의 이치이기 때문이다. 토인비가 말한 이성의 진보가 역사를 이끌었다는 것은 상호 간의 공격이 아니고 바로 평화라는 인류의 보편적 가치 구현을 의미하는 것이다.

우리 사회 역시 갈수록 극심한 청년실업 문제로 절망의 벼랑에 몰리고 있는 젊은이들의 상태가 불안에서 좌절로, 그리고 이제는 분노로 향해 가고 있는 것은 아닌지 우려된다. 그래서 유럽의 테러는 결코 남의 얘기가 아니다. ISIS의 한국에 대한 테러를 걱정하기에 앞서 한국의 경제적 불평등과 차별이 어떤 파괴적 결과를 낳을지에 대해서 고민해야 할 때이다.

새 정부는 '통합과 공존'을 가치로 제시했고, '차별 없는 세상'을 만들겠다고 했다. 이제 차별이라는 문제는 차별 억제 등의 단순히 소극적이고 수동적 차원이 아니라 국민의 기본적 권리 실현이라는 적극적 차원에서 주장되어야 한다. 이는 최대한의 민주적 참여와 평등을 의미하는 것이다. 우리 사회의 안전과 자유로운 번영과 평화는 혼자가 아닌 함께의 중요성을 직시할 때만 실현될 수 있음을 다시 한번 말하고 싶다.

‘다름’을 존중해 테러 끊어야

나와 다른 생각, 다른 가치를 존중, 공존하며 살 수 있는 지혜.

오늘날 테러의 원인은 앞에서도 언급한 것처럼 서로 다른 양자의 대립적 입장에서 주장되고 있다. 이슬람 사회와 무슬림 전통을 유럽 문명과 비교해 열등하다고 전제하면서, 폭력적 테러와 모든 악의 근원은 이슬람이라고 주장하는 것은 서방의 입장이다.

반면에, 냉전 이후 반세기 동안 서구와 미국이 만들어 놓은 경제적 착취구조와 이중잣대, 종교적 가치와 자긍심에 대한 협오와 유린이 급진 테러조직들에게 명분과 이데올로기의 배경이 된 원인이라는 것이 중동의 입장이다.

사실 이슬람교도의 미국에 대한 증오는 9·11테러의 뿌리가 되었으나, 미국이 9·11을 '테러 확산을 방지한다'는 명분으로 오히려 패권주의 확산을 위한 도구로 사용함으로써 테러가 더욱 더 기승을 부리게 되었다는 게 일반적인 평가이다.

역사적으로도 테러조직은 9·11직전까지만 해도 대중적 지지기반을 갖지 못했고, 그 영향력은 급격히 쇠퇴했다. 더구나 테러가 급진적 이슬람 단체의 일반적인 대응 형식도 아니었다.

그러나 9·11테러는 주적을 잃고 헤매던 테러조직들에 미국과 서방이라는 분명하고 확실한 공격 목표를 심어주게 된 계기가 됐다. 이제 알카에다를 넘어 이슬람국가ISIS는 무고한 민간인에 대한 무차별적인 살해로 인류 '공공의 적'이자 '괴물'이 되어 버렸다.

세계는 폭력적 극단주의 테러조직에 공분하고 이들에 대한 적극적인 대응을 모색하고 있다. 그러나 양 진영의 서로에 대한 불신과 증오는 평화를 불러올 가능성을 오히려 희박하게 하고, 이러한 정서적 대립은 가장 넘기 힘든 전선일지도 모른다.

우리 사회는 어떤가. 세계적으로 확산되고 있는 반인륜적 테러나 '외로운 늑대'의 테러가 비켜갈 수 있을까. 우리의 실상은 여전히 많은 부분에서 미성숙함을 보여준다. 사회 저변에서 벌어지고 있는 지역 갈등, 신분 격차, 경제적 불평등, 정치 양극화, 약자에 대한 차별과 무시, 일상에서의 '억압'

과 '혐오'는 많고도 흔하다. 더구나 '혐오'는 인터넷 공간을 넘어 실생활에서도 점차 커지고 있다. 우리 사회에서 테러는 더 이상 '남의 일'이 아니다.

나와 다른 입장과 처지에 있는 사람들에 대한 차별과 무시, 조롱과 위협이 궁극에는 나 자신을 향할 수도 있음을 자각해야 한다. 폭력적 극단주의로부터 인간의 존엄성을 유지하고 생명을 보호하려는 노력은 결국 우리 모두의 책임이다.

9·11테러가 발생한 지도 벌써 19년이 되었다. 당시 폐허가 되었던 세계무역센터 부지 '그라운드제로'에는 박물관과 추모연못으로 구성된 메모리얼파크가 들어섰다. 메모리얼파크 정문에는 '절대 잊지 말자'란 슬로건이 걸려 있다.

서로 다른 양자의 대립적 입장만 주장하고 태도를 바꾸지 않는 한, 테러는 결코 사라지지 않을 것이다. 이 악의 고리를 어디에서 끊어야 할 것인가. 꿈을 실현하지 못한 좌절한 젊은이들이 전사가 되기 위해 국경을 서성거리고 있는 한, '부르키니'를 착용한 무슬림 여성들이 해변에서 쫓겨나는 사태, 상처받은 이민자 여성들의 응어리가 풀리지 않는 한, 증오와 보복의 악순환은 끊이지 않을 것이다.

9·11테러 19주기를 맞아 극단적인 대립과 증오가 불러일으키는 테러의 실상과 폭력의 참담한 결과를 다시 한번 되새기면서, 나와 다른 생각, 다른 가치를 서로 존중하면서, 공존하며 평화롭게 살 수 있는 지혜를 고대한다.

따뜻하고 열린 사회가 테러 대비의 출발점

희망이 없는 좌절은 테러로 분출

파리 테러와 벨기에 테러에 이어 올랜도 테러까지 지구촌에서 발생하는 폭력적 극단주의자들에 의한 연쇄적 테러에 세계가 양분되고 급기야는 새뮤얼 헌팅턴이 예고한 대로 종교와 분쟁의 충돌로 가는 것인지 우려스럽다. 테러는 오늘날 국제사회가 직면한 가장 심각한 안보와 치안의 문제다.

최근 테러 양상은 목적과 형태가 갈수록 다양해지고 있을 뿐만 아니라 소수의 테러리스트가 폭력성을 가지고 순식간에 수많은 사람의 생명과 재산을 앗아가는 비이성적 행태를 보여주고 있다. 9·11테러에는 주범 19명이 동원되었고, 올랜도 테러는 고작 한 명이 100여명의 인명을 무차별 살상했다.

한국 역시 테러의 안전지대라고 할 수 없다. 지금까지 한국이 유럽에 비해 테러 가능성이 낮다고 보았던 주요 이유는 세 가지이다. 기독교와 이슬람교라는 종교적 대칭선이 존재하는 유럽과 달리 종교적 차이로 인한 차별이 적다는 점, 다른 국가를 침략하지 않은 역사적 부채가 없다는 점, 한국의 외국인 노동자들이 알카에다나 ISIS와 연계되어 있다는 증거가 적다는 점 때문에 유럽의 상황과는 다르다고 보았다.

그러나 최근 들어 급속히 변화하는 한국의 안보환경은 오히려 유럽과의 유사성이 많아지고 있는 상황이다. 더욱이 한국은 남북한이라는 특수한 질서가 작동하고 있다. 얼마 전 한국을 방문한 프랑스 대테러 사령탑인 브뤼기에르 수석판사는 오늘날 테러의 특징을 테러의 세계화로 요약하면서, 테러조직이 한국을 경유할 가능성과 한국에 들어와 있는 외국인 속에 테러분자들이 포함돼 있을 가능성이 있음을 경고한 바 있다.

특히 자생적으로 급진화하는 테러범들은 사전 수사, 정보망으로도 포착하기 힘들기 때문에 범인들에 대한 완벽한 대책을 세우기가 쉽지 않다는 점은 자생 테러 대응의 한계이다. 만에 하나 국제테러조직이나 북한의 테러 또는 최근 염려되고 있는 이민자, 외국인, 사회적 소외계층 등에 의한 자생적 테러가 이 땅에서 발생한다면 대규모 전면전이 아니더라도 그 충격과 피해는 상상할 수 없는 국가적 혼란과 대재앙이 될 수밖에 없다.

다양한 테러사태에 적절하고 신속하게 총력 대응할 수 있도록 그동안 검토되던 테러방지법과 대테러센터 운영도 2016년 부터 시행되고 있다. 대테러의 이름으로 강화된 법률하에 국민의 기본적인 인권이 제한되고 자유권과 민주주의가 침해당한다면 이 또한 염려되는 일이지만, 대테러 행정에 '법률성'을 확보하고, 각 부처에 분산된 대테러 기능을 통합하고 조정, 기획 등 대테러 업무를 총괄할 수 있다는 측면에서는 필요가 있다. 찬성하는 주장과 반대하는 주장 간 논쟁은 서로 다른 가치 판단에서 마주칠 수밖에 없는 문제이다.

그렇지만 ISIS의 한국에 대한 테러를 걱정하기에 앞서, 우리는 우리 사회의 경제적 불평등과 차별이 어떤 파괴적 결과를 낳을지에 대해서 고민해야 한다. 경기 침체가 가중되면서 중산층이 무너지고 있고 서민층의 생활고는 더욱 가중되고 있다. 고질적인 지역주의는 물론 첨예한 이념 대립의 악순환도 끝이 보이지 않는다. 지역과 이념의 대립으로 정치 자체가 갈등과 반목의 온상이 된 지 오래다. 이런 국가 생존이 걸린 중차대한 문제들은 국력을 총결집해도 해결하기에 벅찬 과제들이다. 더 이상 극단주의 테러는 '강 건너 불'이 아니다.

우리는 어디로 가야 하는가? 무엇보다도 지금 우리에게 가장 필요한 것은 사회적 소수자가 소외와 차별을 받지 않도록 사회 구석구석을 살피는 분위기를 만드는 일이다. 희망이 없는 좌절은 테러로 분출될 가능성이 많은 게 하나의 공식이기 때문이다. 그러나 이런 노력을 게을리한다면, 테러와 관련된 우리의 미래 상황도 오늘날 유럽이나 미국과 별반 차이가 없다. 따뜻하고 열린 사회, 동과 서, 좌우를 아우르는 상생과 공존, 갈등과 대립을 해소하는 것이 국민적 소망이자 평화를 실현하는 출발점이다.

갈 데까지 간 인류의 야만

약자에 대한 차별이 필연적으로 증오를 낳고
폭력과 테러를 부른다

9·11테러 희생자들의 이름은 매년 9월 11일 다시 미국인들의 가슴속에 돌아온다. 19년이 흘렀지만 '테러와의 전쟁'에서 미국은 아직 결정적인 승리도 거두지 못하고, 완전히 발을 빼지도 못하고 있다. 서방 세계와 이슬람 세계의 문명충돌은 여전히 증오와 복수의 악순환으로 치닫고 있다.

극단주의 무장단체인 이슬람국가ISIS는 시리아 고대 유적 연구자인 노학자를 살해하고, 2000년 된 신전을 파괴했다. 수십만 명의 난민은 지구를 떠돌고 있다. 갈 데까지 간 야만적 행위이다. 단순히 반세력에 대한 테러리즘이 아닌 인류 문명에 대한 일종의 도전적 선언이다.

테러를 두고 사람들은 인륜을 저버린 범죄, '문명의 충돌' 등으로 설명한다. 특히 새뮤얼 헌팅턴은 오늘날 이데올로기나 경제적 가치 대신 언어·종교·민족 등 문화적 특질의 집합체인 문명이 경쟁과 갈등의 주체가 되고 있다고 주장한다. 또 그는 "미래의 가장 위험한 충돌은 서구의 오만함, 이슬람의 편협함이 복합적으로 작용하여 발생할 것"이라고 말하고 있다. 물론 세계에서 발생하는 갈등의 기저에 문화적·이념적 분열이 존재함을 부인할 수는 없다.

그러나 "이슬람은 전투성과 화합불능성이 특징으로, 폭력에 의존하는 경향이 높다"고 단언하는 서구의 주장은 이슬람 입장에서 보면 하나의 작은 사실로 더 큰 다른 사실들을 왜곡하는 '서구 중심적인' 편향적 시선으로, 억울함과 저항심을 가질 수 있겠다는 생각도 든다.

실제로 반서방 측에서는 테러를 '무신경하고 오만한 서구 급진적 자유주의와 제3세계의 충돌'이라고 생각한다. 이는 서방 여론들이 9·11테러 이후 미국의 이라크 공격과 이스라엘의 팔레스타인에 대한 배척과 폭력조차 단순히 문명충돌론으로 몰아가고 있기 때문이다. 그래서 테러의 근원은 '강한 자에 대한 약자의 충돌'이라는 명제가 힘을 얻기도 한다.

오늘날 세계에서는 너무 많은 갈등과 증오가 무자비한 테러 행위로 표출되고 있다. 더구나 ISIS가 자행하는 참수와 인류 문명 파괴의 폭력적 극단주의 테러 전략은 누구로부터도 옹호받을 수 없는 인류에 대한 야만일 뿐이다. 문명의 가장 중요한 요소는 종교이지만, 어느 종교든 종교 교리와 폭력이 직결되는 경우는 드물다.

따라서 특정 종교에 본질적으로 폭력적 요소가 있다고 강변하는 논리는, 권력이나 정체성 투쟁의 와중에 종교가 간접적으로 연루되거나 책략가들에 의해 '동원'된다는 사실을 은폐하고 있을 뿐이라는 비판을 받는다. 이제 테러는 국제사회가 직면한 가장 심각한 안보와 치안의 문제가 되었다. 한국 역시 결코 테러의 안전지대가 아니다. 점차 세계 속에서 높아지는 위상과 사회적 문제 증가, 급속히 진행 중인 세계화와 상호의존 현상을 감안하면, 남의 나라 일만은 아니다.

더구나 점차 증가하고 있는 외국인 근로자, 불법체류자, 무슬림 2세와 은둔형 외톨이, 사회 불만자 등 인적 위험요인이 상존해 있으나 필요한 대응은 쉽지 않은 실정이다.

과연 한국 내부의 이념갈등 극복과 사회적 통합은 언제쯤 가능할 것인가? 물론 우리 사회 기저에 합리성이 있다고 믿기에, 상당 부분 극복이 가능하다고 본다. 그러나 오늘날 한국에 살고 있는 177만명의 외국인과 새터민이 내부의 소수자로서 겪고 있는 낙인과 차별에 대해 우리 사회가 얼마나 공감하고 있는가. 아직도 우리는 수많은 지역적·경제적 차별과 갈등조차도 해결하지 못하고 있다.

기득권층의 약자에 대한 차별이 필연적으로 증오를 낳고 폭력과 테러를 부르는 것은 역사가 증명한다. 사회 약자들도 꿈과 희망으로 미래를 준비할 수 있도록 편협한 배타주의를 넘어선 사회적 통합과 보편성이 절실히 필요한 시기다.

폭력적 극단주의, 남의 나라 일 아니다

차별과 소외는 반드시 테러로 이어진다는 것은 하나의 공식

참수, 화형, 익사…, 인간의 잔인함은 어디까지일까? 지구라는 공간 안에서 공존해야 함에도 불구하고 무자비한 인간사냥을 멈추지 않는 이슬람 극단주의 무장세력 '이슬람국가ISIS'가 자칭 '국가' 선언을 한 것은 2014년이었다. 최근 영국 인권단체 시리아인권관측소SOHR의 발표에 의하면 국가선언 후 1년간 ISIS는 시리아에서만 민간인을 포함해 3027명을 처형했다.

어쩌면 우리가 살고 있는 세계는 성별, 경제, 인종, 종교적 우월주의에 근거한 다양한 사건들을 통해 양분되어 가는 모습을 보이고 있다. 우리가 늘 마주하는 일상의 작은 폭력들이 실은 이 양분된 세계의 거대한 구조적 폭력의 씨앗이다. 특히 ISIS에 의해 자행되었던 폭력적 극단주의 문제는 최근 유

엔안보리에서 결의한 세계가 가장 관심을 갖는 주요 글로벌 이슈가 되었었다.

오바마 대통령은 2015년 2월 '대테러 정상회담'에서 ISIS와 이슬람에 기반을 둔 테러단체의 행동을 '급진 이슬람'대신 '폭력적 극단주의'라는 용어를 사용키로 했다.

2000년대 들어 중동과 서방에서 발생한 극단주의 테러는 남의 나라 일이기만 할까? 자생적 테러리스트에 의해서도 폭력적 극단주의 테러는 발생하고 있다. 우리 사회도 ISIS에 영향받은 10대 김군 사건이 발생했다. ISIS를 추종하는 '외로운 늑대'의 출현은 더 이상 '남의 나라 일'로만 치부할 수 없는 게 현실이다. 우리나라보다 일찍 다문화·다종교 사회에 접어들었고, 대표적인 관용사회로 꼽혀온 프랑스 등지에서 발생한 자생적 테러도 결국은 인종과 종교, 사회적 부적응에 의한 소외와 차별이 주원인이었음을 명심해야 한다.

최근 미국 흑인교회 테러 사건 역시 다른 인종과 종교에 대한 극단적 증오심을 불러일으킬 수 있다. 이는 ISIS와 같은 종교적 극단주의자들에 의한 반작용을 유발할 수도 있다. 한국 사회도 좌절과 소외에 의한 극단주의자를 얼마든지 낳을 수 있다는 게 전문가들의 지적이다. 이미 상당한 기간에 걸쳐 우리 사회에서도 계층 간 혐오와 차별의 문제가 제기돼 왔다.

정부 역시 근원적 대처를 위한 정답은 알고 있으나 현실적인 노력은 미흡하다. 근원이 되는 문제에 대해 깊이 고찰하고 인권을 신장하는 노력이 병행돼야 한다. 그런 측면에서 폭력적 극단주의 문제는 비단 중동지역에 국한된 사항이 아니라 전 세계인 모두의 안전을 심각하게 위협하는 핵심 현안이라는 점을 인식하고 대응에 적극 동참해야 한다.

이제 우리사회도 관용과 수용성 증진을 위한 사회 전반의 노력과 이주민, 탈북자, 사회적 약자와 같은 소수자에 대해 쏟아내는 혐오의 표현, 차별이나 폭력의 문제를 해결하기 위한 실행 가능한 방안을 마련할 시점에 이르렀다. 차별과 소외는 반드시 테러로 이어진다는 것은 하나의 공식임을 알아야 한다.

평양

제5부

전쟁과 테러의 정반합… 용서와 평화의 길로

전쟁과 테러의 정반합... 용서와 평화의 길로

남북문제, '대결과 분쟁' 대신 '용서와 평화'라는 정반합이 이뤄져야

소련의 붕괴로 냉전이 종식되자, 역사가 마침내 종착점에 이르렀다고 한 주장은 프랜시스 후쿠야마의 저서 '역사의 종말'에서 사용된 표현이다. 그는 역사는 자유민주주의와 자본주의체제가 최종적으로 승리함으로써 정반합正反合의 발전을 멈췄다고 주장한다.

하지만 이 주장은 서구의 가치가 지구상의 보편적 가치로 자리 잡았다는 판단을 전제로 하는 매우 일방적이고 교만한 견해라는 비판을 받기도 한다. 이는 앞으로의 세계가 지금까지 서구의 일반적인 기대처럼 보편성에 따라 일체와 평화를 누리는 것보다는 오히려 더 큰 국가 간 분쟁과 문명 간의 충돌이 전개될 수도 있기 때문이다.

이미지=iclickart

그런 측면에서 '새뮤얼 헌팅턴'이 말한 '세계질서의 재편'으로서 '문명 간의 충돌'이 또 다른 혼란과 갈등의 강으로 인류를 몰아넣을지도 모른다는 생각은 단순한 개인적 기우이길 바란다. 지난 역사를 보면 냉전시대에는 국가나 민족의 정체성이 동서 이념 중 어느 것을 선택하느냐에 의해 결정됐지만, 냉전 이후에는 문명과 종교와 관련되는 근원적인 물음에 의해 결정되고 있음을 알 수 있다. 이는 그동안 이데올로기에 의해 억눌려 역사의 표면에 드러나지 않았던 문명 간의 충돌이 본격적으로 부각되기 시작되고 있음을 증명하는 것이기도 하다.

특히, 최근 세계는 서구의 기독교권과 중동의 이슬람권 등 주요 문명권으로 다극화·다문명화로 재편되고 있다. 더구나 그동안 서구문화는 물질적 성공을 앞세워 오랫동안 지구상의 지배적 가치로 군림했었지만, 이제 서구의 물질적 성공은 더 이상 독점적이지 못하고 있다, 아시아와 이슬람권도 인구 성장과 사회적 동원력을 앞세워 자신의 정체성을 강렬하게 드러내고 있어 이로 인한 핵 확산·테러·난민 등을 둘러싼 갈등이 본격화되고 있다.

사실 지금까지 대체로 서구는 오만하고 이슬람은 편협했으며, 상호 이질적 문명들은 항상 충돌의 위험을 안고 있었다는 평가를 받고 있다. 오늘날에도 여전히 서구와 이슬람의 갈등은 뿌리 깊다. 이슬람은 서구를 탐욕적이라고 비난하고, 서구는 이슬람을 테러리즘과 골치 아픈 난민 문제의 본거지 정도로 지목한다. 냉전은 사라졌고 동서 간 이념적 헤게모니는 예전과 다르지만, 이것이 두 문명의 단층선에서 해결되지 못하고 끊임없이 분쟁과 갈등을 일으키는 중심적 원인으로 지적된다.

그래서 최근 우리가 사는 지구촌에서 벌어지고 있는 수많은 전쟁과 테러는 이처럼 다극화된 문명과 체제의 우위를 지켜내려는 수단일지 모른다. 하지만 목적이 결코 수단을 정당화할 수 없는 것처럼 폭력 또한 수단이 되어서는 안 되며 정당화될 수도 없다. 이는 우리가 현대사회를 야만적 상태로 되돌렸던 역사상 최악의 사건인 9.11 테러라는 악몽을 보았기 때문이다.

그렇다면 우리가 살고 있는 한반도를 살펴보자. 외신으로 전해오는 테러와 전쟁소식이 그저 남의 일이려니 고개를 돌릴 만큼 여유로운가? 굉음과 함께 터지는 폭탄들, 귓속을 뚫고 뇌리에 박히는 비명과 공포에 질린 아이들의 눈빛, 그 아비규환의 모습은 결코 중동과 다른 세계의 문제만은 아니다. 우리는 지난 세기 수많은 외침을 당했고, 비록 남북 간 평화 분위기 조성을 위한 노력을 계속하고 있지만, 그동안 상호 대립과 도발은 일촉즉발의 상황이기도 했다.

이제 우리도 전쟁의 불안을 제거하고, 자유와 평화로운 일상을 지켜야 한다. 그러기 위해서 우선 정치권은 당리당략적 안보관을 버려야 한다. 테러와의 전쟁, 핵과 같은 대량 살상무기라는 용어들은 진보와 보수로 대립되는 정치적 지형이 대신할 수 없는 문제다. 화합하지 못하고 서로가 제거되어야 할 세력으로 몰아세운다면, 안보와 평화는 멀어질 뿐이다. 한국의 정치는 책임과 공감을 중심으로 당당하게 이뤄져야 한다.

탁월한 외교력도 중요하다. 외교야말로 무엇보다 '현실적'이어야 하기 때문이다. 우리에게 북핵 문제는 국가의 안보와 국제질서 재편의 중대한 시험대가 되고 있다. 지금은 한반도의 미래를 다시 결정지을 격동의 시기이다. 다행히 요즘 우리 외교는 '이상적'이라는 평을 받고 있지만, 지도자와 정부는 우리 민족의 대국大局을 이끌고 가야할 어려운 상황이다. 함께 우리가 가지고 있는 장점들을 굳게 견지하고 수호할 수 있도록 힘을 모아야 한다.

'정반합'은 흔히 변증법이라고 하는 참된 인식을 찾아가는 과정으로서 제시된 헤겔 철학의 이론이다. 인류 역사도 변증법적으로 발전한다. 그래서 역사는 한 상태에서 다음 상태로 넘어갈 때 홍역을 치른다. 그러나 정正에서 반反으로 갔다가 중간의 균형을 찾아가는 정반합正反合 같은 그 과정은 가장 자연스럽고 바람직한 것이다. 남북문제도 마찬가지이다. 이제 대결과 분쟁 대신 용서와 평화라는 정반합이 이뤄지길 염원한다.

패권적 힘의 정의와 테러리즘

정의를 강자의 이익으로만 보아야 한다는 기존 가치에 대한 엄중한 꾸지람

놈 촘스키는 미국의 언어학자이지만 강대국 미국에 대한 정치비판가로도 유명한 인물이다. 테러리즘에 대한 그의 견해는 기존의 주장을 다르게 분석한다. 그가 저술한 해적과 제왕에서는 강자의 테러를 비판하는 유명한 해적 이야기가 있다. 알렉산더 대왕이 잡혀온 해적에게 이렇게 묻는다.

"넌 어찌하여 감히 바다를 어지럽히느뇨?" 이에 그 해적의 답변은 "그러는 당신은 어찌하여 감히 온 세상을 어지럽히는 건가요? 전 그저 자그만 배 한 척으로 그 짓을 하기 때문에 도둑놈 소릴 듣는 것이고, 당신은 거대한 함대를 이끌고 그 짓을 하기 때문에 제왕이라 불리는 것뿐이외다." 해적

의 대답은 촌철살인이었다. 한마디로 지금 서방국가들에서 사용되는 테러리즘의 개념은 서방의 폭력을 은폐할 목적으로, 주도면밀하게 조작되고 있는 것으로서 정의의 본질에서 본다면 편향된 이중 잣대에 불과하다는 게 촘스키의 견해이다. 21세기 현대사는 2001년 미국에서 발생한 9·11사건을 기점으로 그 전과 후로 나누어졌다고 해도 과언이 아니다. 사실 미국에서 9·11테러는 정치, 경제, 사회뿐만 아니라 문화영역에까지 모든 일상에서의 평화와 안전을 빼앗아가 버렸다. 테러의 트라우마는 씻을 수 없는 상처가 된 것이다. 비단 미국만의 일은 아니다. 지금도 지구촌 어디에선가는 여전히 폭탄이 터지고 아무 죄 없는 민간인들이 죽어나가는 끔찍한 테러가 일상화되고 있다. 그래서 21세기의 가장 중요한 키워드는 단연 테러리즘이다.

하지만 우리가 테러리즘의 개념과 관련해 놓치고 있는 것이 하나 있다. 우리는 일반적으로 테러리즘이라고 하면 이라크와 시리아 등 중동에서 일어나는 극단주의 테러단체의 무차별적 테러만을 떠올리고 있다는 점이다. 비록 정의를 수호하기 위한 하얀 전쟁이든지, 혹은 테러 행위를 예방하기 위한 합법적 선제공격이든지, 아무리 좋은 명분이더라도 강대국이 약소국에 대한 지배를 공고히 할 목적으로 국가의 이름으로 행해진 폭력도 또 다른 형태의 테러라고 부를 수밖에 없기 때문이다.

그래서 촘스키는 그의 책에서 오늘날 우리들이 매스컴에서 보는 이슬람 원리주의 과격단체나 자생테러와 같은 개인이나 집단에 의해서 행해지는 테러행위를 소매점식 테러라고 하고, 이를 조종 혹은 유도하는 것을 도매점식 테러로 표현했다. 그는 도매점식 테러 행위의 주체로 미국을 지목했고, 여기에 서구 열강과 친미 중동 지도자들이 편승하고 있다고 주장했다.

예를 들어 9·11테러에서 희생된 3000여 명의 무고한 민간인들은 세계인들의 뇌리 속에 충격적인 이미지로 각인됐고 테러의 희생자가 되었지만, 반면에 이스라엘이 팔레스타인 난민 수용소를 폭격해 수많은 민간인을 학살하거나, 대테러 작전의 일환으로 레바논 민간인 마을에 군대를 파견해 살인과 파괴가 발생하더라도 이것은 테러리즘으로 정의되지 않고, 희생자 목록에도 포함되지 않음을 비판하고 있다.

이는 과거 수십 년 동안 테러 희생자에 대한 평가를 보더라도 알 수 있다. 희생자는 비단 미국과 파리, 그리고 영국과 독일 등에서만 발생한 게 아니며 중동과 중앙아메리카 또는 레바논에서 발생했음에도 희생자에 대한 평가는 동일하지 못했다. 왜냐하면 위에서 논했듯 힘이 약한 해적과 미국과 미국이 승인해주는 이스라엘 같은 거대한 제왕의 행위는 비록 똑같은 행위일지라도 근본적으로 차별됐기 때문이다.

이런 측면에서 미국과 서방이라는 제왕의 테러리즘은 정의를 회복하기 위한 정벌 내지 징벌이 되고, 그 외 나라 혹은 단체가 행하는 해적 행위는 테러리즘으로 규정되어 주살誅殺되어야 할 악이 된다는 촘스키의 비유적 일갈一喝은 정의를 강자의 이익으로만 보아야 한다는 기존 가치에 대한 엄중한 꾸지람이라 할 수 있다.

테러리즘의 개념이 제왕의 폭력보다는 단순히 해적의 좀도둑을 기준으로만 고착돼버린다면, 지구촌 곳곳의 평화와 인권은 멀어질 수밖에 없다. 이는 오히려 침략국이 희생국이 되어버리는 희극 같은 상황을 가져올 수도 있기 때문이다. 결코 제왕의 행위가 해적이 행한 것보다 더 큰 가치로 평가되는 잘못이 없기를 기대한다. 기세등등하고, 상대를 보지 않는 패권적 힘의 정의는 인류의 역사를 지금보다 단 한 발자국도 나아가지 못하게 할 뿐이다.

'국정원 해킹' 인권 대 안보

모든 논쟁의 중심에는 항상
국가와 국민이 있음을 명심해야 한다.

여당은 안보가 중요하다고 하고, 야당은 인권이 우선이라고 한다. 인권과 안보는 좌도 우도, 진보도 보수도 아니며, 둘 다 국가와 국민을 위한 보편의 상식이다. 그래서 어느 쪽이 더 옳다고 하는 것은 총체적 이해가 수반되어야 하기 때문에 매우 어렵고도 조심스럽다. 2015년 국가정보원의 해킹 프로그램 논란에서 비롯된 민간인 사찰 의혹으로 인한 여야의 정치 공방이 격화된 시절 '국정원 해킹 사건'을 두고 저자가 하였던 말을 다시 적는다.

당시 국정원 해킹 사건과 관련, 놓치고 있는 두 가지 중요한 것 중 하나는 감청이 과연 "만악의 근원인가"하는 점이었다.

최근 '위키리크스'는 미 국가안보국NSA이 전 세계 국가 수반들에 대한 감청 활동을 연달아 폭로했다. 이와 함께 미국은 전 세계 첩보활동 비용의 60%를 사용하는 첩보 초강대국이라면서 그 주요 목적은 '반反테러'가 아니라 미국의 세계 지배라는 정치적·경제적 목적을 위한 것이라고 지적했다.

첩보 비용의 비중이 군사비보다 높다는 것은 군사력보다 정보력이 더 중요한 역할을 차지한다는 것을 의미한다. 즉 미국은 적과 동맹국을 막론하고 세계 곳곳에 대한 철저한 사찰과 감시를 통해 세계를 통제하는 '대형Big Brother'으로 군림하고 있는 것이다. 이제는 군사주권보다 정보주권이 더 중요한 '첩보 제국주의'시대라고 할 수 있다.

다른 하나는 인권과 안보는 그 어느 쪽이 우선될 수 없음을 간과하고 있다는 점이다. 당시 야당의 한 정치인은 "국가의 역할은 국민의 정보 인권을 최대한 보장하면서 국가의 안전을 지키는 것이다. 그 경계가 어디인지에 대한 '정답'은 없다. 국민의 약속이 있을 뿐이다. 그것을 우리는 '헌법'이라고 한다"고 밝힌 바 있다. 그래서 인권과 안보는 마치 작용과 반작용처럼, 이분법적 구도 안에서 정당 간 '비난 게임'을 강화할 수밖에 없는 사항으로 보이게 하는 측면이 있다. 반성과 고민이 필요하다.

정치사상가인 토머스 홉스는 〈리바이어던〉에서 '평화를 실제로 보장해 주는 공동체만을 국가로 인정할 수 있다'면서 시민 평화의 본질은 안전이라며, 안전을 국가의 핵심 개념이라고 주장했다. 즉 국가의 주권과 힘이 있어야 인권도 담보될 수 있다는 주장이다. 국가의 질서와 안보로서의 평화가 얼마나 소중한가에 대한 역설이다. 9·11테러 이후 미국의 안보 우선 정책기조가 그 시사점이다.

지난 국정원 해킹 사건을 두고 개인의 인권 보호와 정보기관의 정보수집 역량 강화 가운데 어떤 가치를 더 우선해야 하느냐는 질문이 제기되었다. 무엇을 더 우선해야 할까? 나라와 국익을 위해, 어떤 방식이 더 합당하고 효율적인지를 정하는 것이 민주주의의 요체다. 북한의 위협에 직면하고 있는 엄혹한 현실을 도외시하고 국정원이 더 이상 정보기관이기를 포기하라고 요구할 수도 없지만, 주권자인 시민의 자유와 평화를 침해할 수도 없는 것이다.

현대전에서 첩보수집은 매우 중요하다. 하지만 법의 틀에서 벗어난 것을 인정할 수는 없다. 안보와 대테러의 이름으로 인권이 무시되고 신공안정국 분위기에 젖어 국민의 자유권이 박탈당한다면 더더욱 위험스러운 일이다.

당시 논쟁이 쉽게 끝나지 않았던 것은 사실 확인보다는 정치적 헤게모니 측면에서 논의 되었기 때문이다.

언제나 현실은 규범을 앞선다. 그러나 안보와 인권정책의 궁극적인 명분은 국민의 자유와 행복이다. 따라서 국정원의 정보수집활동이 지금까지는 국가안보 논리에 지나치게 중점을 두고 진행됐다면, 앞으로의 방향은 인권 측면을 좀 더 고려하는 게 필요하다. 즉 국민들의 현재와 미래의 삶에 도움이 될 것인가에 방점을 두고, 국익을 위한 당위적 논리가 상호 허용될 수 있는 방향에서 마련되어야 한다. 모든 논쟁의 중심에는 항상 국가와 국민이 있음을 명심해야 한다.

성난美 시위대, 피에 젖은 평화

- 정작, 적은 내부에 있다 -

미국에 던진 가장 큰 과제는 집안 단속

공포, 충격, 고통, 분노, 그리고 끔찍한 슬픔. 2020년 초여름 미국은 악몽이었다. 백인 경찰관의 강압 체포로 숨진 흑인 남성 사건과 관련해 전국적으로 시위가 확산하는 가운데 도널드 트럼프 미국 대통령이 시위 주도 세력을 극좌파인 '안티파Antifa, 반파시스트'로 몰아붙이며 테러조직으로 지정하겠다고 발표했었다. "정의는 성난 폭도의 손에 의해 결코 달성되지 않고, 나는 이를 용납하지 않겠다고도 말했다. '안티파시스트 액션Anti-Fascist Action의 준말인 '안티파'는 특정단체의 이름이 아니라 전체주의에 반대하는 극좌파를 통칭한다. 1920년대 이탈리아와 독일에서 파시스트와 나치를 반대 하기위해 공산주의자들이 조직한 행동대가 유래다. 세계적으로 파시즘, 백인우월주의, 네오나치 등에 반대하는 활동가들이 느슨하게 연결된 경우가 많다. 그러나 시위에서 폭력을 선동한 트위터 계정에 사실은 백인 우월주의자 단체가 만든 계정인 것으로 나타났다는 보도도 있었다. 세계 최강의 미국이 코로나19 감염증과 실업, 중국과의 대결과 함께 인종차별적 사건으로 야기된 폭동으로 혼미 백산한 것이다.

그러나 미국이 가장 우려하는 것은 홈 그로운 '자생적 테러'에 대한 공포이다. 2013년에 발생한 보스턴 마라톤 폭탄 테러와 2016년 사상 최악의 올랜도 총기테러도 미국 내에 있는 ISIS 추종자들이나 외로운 늑대들의 부추김 또는 모방 자생테러라 할 수 있다. 외로운 늑대란 자생적 테러리스트를 의미한다. 특정 조직이나 이념이 아니라 정부에 대한 개인적 반감을 이유로 스스로 행동에 나선다는 게 특징이다. 특히 외부 테러조직의 대형 테러 모의는 막아내고 있으나 새로운 형태로 미국 내 외로운 늑대들을 부추기는 자생테러에 구멍이 뚫리고 있다는 우려와 공포가 급속히 확산되고 있다.

더구나 자국의 인물이나 거주민에 의해 저질러지기 때문에 공항이나 항만을 원천봉쇄해도 막을 수 없다는 데 문제의 심각성이 있다. 애초 러시아의 체첸 반군을 지칭했던 외로운 늑대라는 표현은 1990년대 미국의 극우 인종주의자 앨릭스 커티스가 사용한 게 시초다. 세계 각국 이민자들로 구성된 다인종·다문화 사회로 용광로Melting Pot 국가로 불리는 미국에 증가하는 자생테러는 새로운 안보위협이다. 도널드 트럼프 대통령은 취임사에서 "미국을 다시 위대한 나라로 만들겠다"며 테러 위험을 이유로 이민과 난민, 무슬림의 입국을 금지하는 행정명령에 서명하고, 멕시코 국경에 장벽을 설치했다.

그러나 정작 적은 내부에 있었다.

21세기 최강대국 미국에서 발생한 이번 사건이 단순히 미치광이 백인의 폭력적 행위나, ISIS의 이슬람 극단주의 사상에 감화된 투사의 외로운 투쟁인지 그 관점은 중요하지 않다. 그것보다는 국가의 구성원들이 자유롭게 서로 믿고 함께 살아가야 하는 자유주의 사회에서, 왜 무차별 살상이 이루어질 수 있었는지를 찾아내야 한다.

한국 역시 자생적 테러에 대비해야 한다.

세 가지 관점이다.

가장 먼저는 상대적 박탈감이다. 급속한 경제발전에 따른 빈부격차 심화로 사회, 경제적 열등감을 가진 약자들이 증가하고 있다. 구성원들의 기대감은 증가하지만 그 열망을 채워줄 수 있는 충족감이 변하지 않을 때, 확대된 격차는 폭력행위로 분출될 수 있다. 굳이 특정 이데올로기나 테러집단과 연계되지 않으면서도 테러를 자행할 수 있는 소외계층이 얼마든지 형성될 수 있음을 유념해야 한다.

다음은 다인종사회 진입이다. 이주노동자 100만명 시대에 진입했고, 새터민 수도 증가했다. 얼마 전 프랑스 대테러 사령탑인 브뤼기에르 수석판사는 테러조직이 한국을 경유할 가능성과 한국에 들어와 있는 중동 사람들 속에 테러분자들이 포함되어 있을 가능성이 있음을 경고했다.

마지막으로는 소외와 차별이다. 외국인 근로자, 혼혈아, 그리고 새터민 등이 비본토박이로서 겪는 고통과 좌절이 특수한 환경과 접목되고, 피부색, 언어, 종교, 가난 등을 이유로 차별이 지속된다면 이들의 좌절감이 분노가 되어 대형 테러를 일으킬 수도 있다. 이런 변화에 적극 대처해야 한다.

결국 자생테러의 해법은 예방 차원에서 접근해야 한다.

9·11테러 이후 전 세계가 테러에 대처해 왔음에도 대형 테러가 여전히 발생하고 있는 것은 국제사회가 테러를 대증요법으로 치료할 뿐, 근본적인 원인 제거에는 무관심한 편이기 때문이다. 단순히 테러에 대처하는 제도만으로는 테러의 근절은 어렵다.

라스베이거스 사건이 미국에 던진 가장 큰 과제는 집안 단속이다. 최근 미국은 인종갈등 문제도 폭발 직전의 임계점이다. 트럼프 대통령은 미국을 다시 위대하게를 강조하지만, 인종 간의 공존이 경시되고 나라 안 집안 단속에 실패한다면, 앞으로도 등잔 밑 재앙의 강한 역풍은 계속될 것이다. 비록 국제사회에서 최고의 권위를 누리고 있는 강한 미국이지만, 그것은 궁극적으로 미국의 강화가 아니라 약화로 귀결될 뿐이다.

온갖 이해관계로 뒤덮인 우리 사회도 테러와 폭력의 참담한 결과를 경험하지 않기 위해서는 결코 미국과 유럽만의 상황이 아님을 깨달을 때가 되지 않았을까. 발달한 민주주의는 갈등과 대립에 대한 긍정적 대안을 제시하기 때문에 소수자의 신념이 극단화됨을 방지할 수 있는 것이다. 평등으로의 역사적 진보는 권력이 아니라 상호 간의 공존과 공영으로써 성취될 수 있는 것이다.

우리 사회의 지역분열·이념대립이란 사회적 질병에 필요한 것은 상처를 아물게 할 치료이지, 상처를 덧나게 할 공격은 아닌 것이다. 극단적 대립과 증오가 해소되고 나와 다른 생각, 다른 가치를 서로 존중하면서, 평화롭게 살 수 있는 지혜를 강구해야 하는 게 이번 사건의 교훈임을 명심해야 한다.

평화란 공존과 공영이다...

- 9·11테러가 우리에게 남긴 것은 -

평화란 공존과 공영이다. 역사는 단순히 흘러가지 않는다.

9·11테러의 비극은 21세기 세계사의 출발을 결정짓는 전철기轉轍機 역할을 하였다. 이 테러가 가져온 영향은 실로 막대했다. 세계 경제는 위축되었고, 중동은 전쟁터가 되었다.

그리고 많은 개인의 자유가 제약되었다. 미국은 테러와의 전쟁을 선언했지만 이로 인해 테러가 줄었다고 생각하는 사람은 아무도 없다. 오히려 ISIS이슬람국가라는 새로운 괴물의 등장과 테러의 일상화는 계속되고 있다. 특히 9·11테러는 미국인들에게 충격과 공포였다. 미국 독립 이후 처음으로 본토가 공격을 받았으며, 테러의 발단부터 결과까지 모든 것이 상식적으로 믿을 수 없는 사건이었기 때문이다.

대낮에 미국 경제력의 상징인 110층 세계무역센터WTC 쌍둥이 빌딩이 붕괴되고 군사력의 핵심인 국방부 건물이 피폭되는 동안 국가 안보를 책임지고 있는 어떤 기관도 제대로 대응을 못했다. 미 연방수사국FBI도 중앙정보국CIA도 파악하지 못했다. 슈퍼파워이던 미국의 자존심은 테러리스트 몇 명에 의해 송두리째 무너졌다. 그래서 미국인들에게 최근 북한의 6차 핵실험이나 괌 포위사격 위협은 9·11트라우마를 상기시키는 사건들이다.

그러나 미국인들은 지금까지도 9·11테러에서 납치된 4대의 비행기는 무인 조종됐다는 등 각종 음모론에는 관심을 가지면서도 정작 9·11테러의 근본적 동기에는 관심이 없다. 로런스 라이트가 쓴 문명전쟁부터 9·11의 진실을 추적한 수많은 연구들에서조차도 "알카에다가 사악한 테러를 저질렀다"고 비난했지만 정작 미국의 책임에 대해서는 한마디도 없었다.

최근 영국 언론인 일라이자 매닝엄불러는 미국의 중동 외교정책에 대한 반감이 이슬람 극단주의라는 요인 못지않게 중요한 9·11의 원인이라고 지적했다. 노골적인 이스라엘 편들기와 팔레스타인 문제가 반미·반서방 정서를 만들고 테러리즘에 동력을 공급하는 진원지라는 주장이다. 중동에 대한 미국의 편견을 다른 관점에서 말하는 것이다.

분명 9·11을 저지른 19명의 중동 무슬림은 인류에게 지울 수 없는 상처를 가져다준 살인자들이다. 그러나 중동에 대한 서방의 편견과 오만이 결국 아랍인들의 저항을 유발했고 젊은 무슬림들을 단합시키는 계기가 되어 테러로 몰아가는 불씨가 됐다는 지적은 한 번쯤 생각해볼 사항이다. 어쩌면 이는 진짜 뿌리는 남겨둔 채 테러리스트를 잡겠다며 들쑤시고 다니는 것처럼 소용없는 일일지도 모르기 때문이다.

사실 미국은 9·11의 배후에 사담 후세인이 있다고 말했지만 실제로 후세인의 대량살상무기WMD는 존재하지 않았다. 그래서 19년이 지난 지금까지도 미국인들의 음모론에 대한 믿음 못지않게, 미국 정부의 중동에 대한 편견과 거짓도 놀랄 만한 일이다.

최근 증가하는 유럽 테러의 원인에 대해 프랑스 문명비평가 기 소르망은 전염병과 같은 이민 2~3세 젊은이들의 허무주의에 있다고 말했다. 소외되고 방황하는 허무주의자는 폭력적 자극에 취약하고 이들에게 투사가 되길 부추기는 것은 그들이 극단화될 수 있는 통로가 된다는 것이다. 우리가 지금처럼 테러를 이슬람 급진화의 방향에서만 생각하는 것은 이슬람에 대한 공포감을 증가시키고 무슬림들을 모두 잠재적인 테러범으로 취급하게 될 뿐이다. 이로 인한 이슬람 혐오증과 극우 지지는 반反이슬람의 감정을 더욱 부추기게 될 것이다.

그래서 유럽에서 일어난 테러의 이유를 이슬람의 급진화보다는 범죄의 이슬람화 측면에서 찾아야 한다는 것도 타당한 주장일 수 있다. 9·11테러가 우리에게 남긴 것은 비단 힘없이 무너져버린 끔찍한 빌딩들의 잔해와 3500명에 달하는 사망자뿐만은 아니다. 십자군전쟁 후 1000년에 이르기까지 남아 있는 증오와 혐오로 점철된 문명 간의 충돌이 더 큰 문제다.

평화란 공존과 공영이다. 역사는 단순히 흘러가지 않는다. 우리가 사는 세상의 역사가 한 방향으로 향할 것이라는 근거 없는 확신과 교만이 강한 자의 패권을 부르고, 문명과 국가 간의 불신과 갈등을 만들어낸다. 상호 간의 노력이 없으면 결코 평화는 향유할 수 없다.

우리 사회 역시 더 이상 힘 있는 자의 정의에 의해서만 평가되어서는 안 된다. 이제 보수와 진보, 세대와 계층 사이의 불신과 갈등이 해소되고 약자와 소외된 세력을 염두에 둔 균형과 조화가 이뤄진 공정한 국가 운용이 필요하다. 이게 9·11이 우리에게 던져주는 또 다른 교훈이다.

맨체스터 테러, 강 건너 불인가?

양극화의 절망이 사라지는 희망의 불씨를 되살리길

2017년에 발생한 맨체스터 테러는 2005년 이후 영국에서 발생한 테러로 당시 영국을 엄청난 충격에 빠뜨렸었다. 그해 영국에서는 벌써 두 차례 테러가 발생했다. 영국 내 잠재적 테러리스트로 간주되는 이슬람 급진주의자들이 2만3000여 명에 이르며 이 가운데 약 3000명은 실질적인 위협을 가할 수 있다는 사실은 영국이 직면한 테러 위협의 심각함을 보여주었다.

영국과 유럽사회에서 연쇄적 테러가 발생하는 이유는 무엇이었을까. 9·11사태의 원인이 단순히 종교적인 것이 아니듯 파리와 맨체스터, 런던의 비극이 광신적 이슬람주의자들 때문에 유발된 것만으로 보는 것은 단순한 분석이다.

2016년 영국 국민이 EU 탈퇴를 결심한 브렉시트의 결정적 원인이 이슬람권 이민자들의 이동자유를 명시한 솅겐조약의 부담이었음을 볼 때 이제 유럽에서 이슬람에 대한 혐오는 더욱 심각해질 전망이다. 그래서 영국의 브렉시트는 어쩌면 후쿠야마가 저서 역사의 종언에서 말한 역사의 막을 내리려던 시도가 오히려 역사의 막을 다시 올려준 것과 같은 이치가 됐다. 이슬람 공포증에 사로잡힌 지식인들이 변화의 길을 모색하지 않는다면 세계의 미래는 더욱 참혹해질지 모른다.

그러나 인류의 자유로운 평화와 번영은 우리가 최악을 직시할 때에만 실현될 수 있다는 주장은 우리의 걱정을 위로하기도 한다. 교조적 자유주의자, 극단주의 광신자들의 대립과 충돌로 인한 비극적 테러리즘이 멈출 수 있다면, 미래는 더 큰 평화와 번영의 길을 갖게 될 것이기 때문이다. 따라서 우리 시대에 가장 절실한 문제는 서로가 상대 없이는 존재할 수 없음을 깨닫는 것이다. 레이먼드 윌리엄스와 E P 톰슨 같은 사상가들이 말한 공통의 문화는 모두가 똑같은 것을 믿는 문화가 아니라 모두가 동등한 지위를 갖고 서로 협력해 공통된 삶의 방식을 결정하는 문화라는 뜻이다.

물론 어느 사회나 소외되고 차별받는 집단 중 일부는 불안감을 갖게 되고, 다른 대안이 제시되지 않는 한 그들의 신념은 더욱 극단화될 수밖에 없다. 설령 통합적이고 균형 잡힌 외국인 정책이 외국인 혐오주의를 최소화하더라도 현실적으로 제어할 수 없는 어려움은 있다.

우리가 사는 세상은 서방과 중동, 기독교와 이슬람이라는 서로 다른 지리적, 종교적 이해관계가 복합적으로 부딪치며, 테러와 분쟁이 계속되는 구조다. 자국우선주의와 물질주의에 젖어들수록 심해지는 서방의 중동에 대한 혐오와 차별은 소수자의 분노로 쌓이게 되고, 대결과 반목이 더 깊어질 수밖에 없다. 테러가 지금처럼 범람하는 데는 지나치게 타산적인 서구 자본주의의 문명 자체도 일조했다.

그러나 동시대를 살고 있는 우리가 구현해야 할 보편적 가치는 상호 공존이다. 얽히고 변하는 사회지만, 서로의 기득권 유지와 강화를 위한 투쟁 대신 조금씩만 양보한다면 평화는 더 빨리 올지도 모른다.

우리 사회가 선택할 수 있는 평화의 길은 무엇일까. 이제 우리 사회도 급속하게 다인종, 다문화 사회로 진입하고 있다. 이제 외국인은 이방인이 아니며, 외국인과의 공존은 일상이 되고 있다.

서방보다 덜할지 모르지만 우리 사회도 곳곳에서 소수와 약자의 권익 문제가 심각해지고 있다. 빈번하게 발생하는 불특정 다수를 상대로 한 묻지마 범죄 역시 한국에서도 외국과 같은 비극이 언제든 일어날 수 있다는 것을 경고하고 있다. 그러나 정작 다민족, 다인종 사회로의 전환에는 인색한 실정이다.

앨빈 토플러는 확산되는 세계 분쟁의 해결 수단으로 화합과 협동의 우주적 마인드를 주문했다. 혐오와 적대의 주먹이 되지 않도록 이제 서로 손을 맞잡아야 한다. 결국 민주주의의 기본은 함께 살아가고 소통하는 것이다.

그래서 우리와 다르면 곧바로 차별로 규정해버리는 사회는 분명히 문제가 있다. 이는 경박한 다원주의에 불과하다. 미래의 어느 날 서울의 어느 거리가 맨체스터나 파리처럼 처참한 아우성과 피로 얼룩지지 않도록 하기 위해 사회 구석구석을 살피는 노력이 우선돼야 한다. 부디 정치와 경제에서도 양극화의 절망이 사라지는 희망의 불씨가 되살려지길 기대한다.

상호공존 무너지는 지구촌, 불안의 전조

민주주의의 기본은 함께 살아가고 소통하는 공통의 문화

최근 영국 국민의 유럽연합EU 탈퇴브렉시트가 중동 난민문제와 파리와 브뤼셀 등에서 연달아 터진 이슬람 극단세력의 테러가 중요한 결정적 원인이 되었음을 볼 때 이제 이슬람권 사람들이 자유와 평화를 찾아 유럽 내에서 그들의 꿈을 이루는 다문화주의는 더 이상 쉽지 않을지도 모른다.

브렉시트가 자국 중심의 폐쇄적 신고립주의 시대가 열리는 신호탄이 될 것이라는 우려가 깊어지고 있다. 영국에서는 브렉시트 투표 뒤 인종혐오 범죄가 급증하고 있고, 터키에서는 이스탄불 공항 테러가 발생해 지구촌은 지금 불안의 시대이다.

물론 대규모 난민 유입과 테러로 몸살을 앓고 있는 유럽에서 반이민과 배타적 국수주의로 사회적 분위기가 급변하는 것을 단순히 경제적 계산과 정치적 지배에 젖은 서방의 이기적 발상이라고 탓할 수만은 없다.

이슬람 공포증에 사로잡힌 유럽인들에게 무슬림과의 대결과 반목 대신 공존과 변화의 길만을 주문하는 것은 또 다른 이기심일 수 있기 때문이다. 그러나 명심해야 할 것은 단절된 것의 넓은 포용이 없이는 결코 평화는 요원하다는 사실이다. 한번 갈라진 상대는 상호공존하기 쉽지 않으며, 더구나 서로가 상대 없이는 존재할 수 없는 게 세상의 이치이기 때문이다. 토인비가 말한 이성의 진보가 역사를 이끌었다는 것은 상호 간의 공격이 아니고 바로 평화라는 인류의 보편적 가치 구현을 의미하는 것이다.

최근 미국과 유럽사회에서 자생적 테러가 연달아 발생하는 이유는 무엇일까? 9·11사태의 원인이 단순히 종교적인 것이 아니듯 파리나 보스턴, 올랜도, 이스탄불의 비극이 광신적 이슬람주의자들 때문에 유발된 것만은 아니다. 그래서 세계적인 석학 놈 촘스키는 "서방을 겨냥한 공격은 테러로 비난받지만 비슷한 인명 피해를 낳은 서방에 의한 공격은 테러로 규정되지 않는다"고 지적하며 "파리 테러에 대한 서방의 분노는 위선이며 서구 세계가 저지른 착취와 정복의 역사적 업보가 한몫하고 있다"고 비판했다.

이는 신자유주의라는 미국의 유일패권주의와 서구 자본주의가 세속적, 상대주의적이며 물질주의적인 경향을 띠게 되고, 결국은 이것이 반영된 정책이 이슬람권에 대한 침해가 되어 급진적 이슬람이라는 제어하기 힘든 폭력적 형태의 반발을 불러일으켰다는 것이다. 즉 테러리즘은 자유주의적 자본주의에 내재된 모순을 극명히 보여준다는 것이다.

한국은 어떤가? 이제 우리 사회도 거스를 수 없는 세계화의 물결 속에서 급속히 다문화로 진입하고 있는 게 새로운 변화이며 현실이다. 생활 속 곳곳에서 외국인들과의 공존은 일상이 되고 있다. 서방보다 덜할지 모르지만 점차 복잡해지고 사회 곳곳에서 소수와 약자의 권익문제가 심각해지고 있다.

빈번하게 발생하는 불특정 다수를 상대로 한 묻지마 범죄 역시 한국에서도 외국과 같은 비극이 언제든 일어날 수 있다는 것을 경고하고 있는 것이다. 지역과 경제, 정치로 갈라진 사회가 황폐화하면 소외된 집단 중 일부는 배타적 정체성에 좌절하고 분노하게 되는 것이다. 다른 대안이 제시되지 않는 한 그들의 비뚤어진 신념은 더욱 극단화될 수밖에 없다.

그렇지만 다문화와 소수에 대한 저변의 인식은 머리로는 이해하나 가슴 속으로는 이해하지 못하는 게 현실이다. 다양한 차이들을 그냥 받아들일 뿐이지, 어떻게 다른지를 알아보는 데는 별 관심이 없다. 우리와 다르면 곧바로 차별로 규정해버리는 사회는 분명히 문제가 있는 사회다. 이는 교만한 다원주의이고 오만한 기득권에 불과하다.

결국 민주주의의 기본은 함께 살아가고 소통하는 공통의 문화이다. 이는 최대한의 민주적 참여와 평등을 의미하는 것이지, 균질화된 획일성을 가리키는 게 아니다. 우리 사회의 자유로운 번영과 평화는 혼자가 아닌 함께의 중요성을 직시할 때만 실현될 수 있다. 미래 서울의 어느 뒷골목이 브뤼셀과 파리, 이스탄불과 같이 처참한 아우성과 피로 얼룩진 길거리가 되지 않기 위해 사회 구석구석을 꼼꼼히 살피는 노력이 우선되어야 한다.

테러방지법, 평화와 안전 보장할 수 있나?

결코 평화는 전쟁을 불사해야 지킬 수 있는 것이 아니라,
학습하고 키워야 하는 것이다.

2016년 테러방지법 제정 문제는 여야 간 극적 타결됐다. 15년 만의 일이었다. 국내외적으로 테러위협이 증가하고 있는 상황에서 다행한 일이다. 그러나 19대 국회 내 통과라는 조급함으로 내용의 충실성보다는 핵심 사항이 빠진 형태만 남은 법안이 되지 않았나 우려된다. 향후 운영 과정에서 정보의 주도권, 사생활 침해 문제 등 세부적 사항에서 추가적 논란이 우려된다.

그래서 과연 테러방지법의 존재가 테러를 방지하는 실재적인 효율과 가치를 얼마나 갖고 있는지 자문해볼 필요가 있다. 우리는 비록 '법'이 존재해

도 모든 불법을 무조건 막아낼 수 없다는 것을 잘 알고 있다. 강도죄에 대한 처벌조항이 있어도 강도가 사라지지 않는 것과 같은 이치이다. 테러방지법 역시 테러에 대한 일정 정도의 법적 보호수단이 되어주지만 모든 행위를 차단하는 안전막이 될 수는 없는 것이다.

중요한 것은 헌법상 국민의 기본권과 존엄성을 보장하는 법에 대한 '용인성容認性'이다. 미국 국가안보국NSA의 무차별 개인정보 수집실태를 폭로한 전 NSA 요원 에드워드 스노든의 사례에서 볼 수 있듯이, 테러방지법은 정보 수집을 위해 국가권력이 얼마나 타당하고 적절하게 행사되었는가보다는 오히려 안보와 인권 간의 관계에서 사회규범적인 논쟁이 필요한 사항이다.

다시 말해 테러방지법 제정 문제는 단순히 여야가 부딪치는 정치적인 측면이 아니라, 국가와 국민에 대한 평화와 안전이라는 범위에서 고려되고 한정해야 한다는 것이다. 그런 측면에서 관련법 제정은 입법의 타당성보다는 지나치게 정치적인 해석이 깃들어 있다는 생각이다.

다만 테러 방지를 빌미로 자칫 과거와 같은 공안정국의 매카시즘이 되풀이될 수 있다는 공권력 불신에 대한 일각의 비판을 감수하면서까지 이번 합의에 도달한 것은 우리 역시 테러로부터 결코 안전할 수 없고 분단국가라는 우리가 처한 특수한 상황 등을 고려한 결론으로 타당하다고 본다. 더욱이 국민의 사생활 침해와 공권력 남용에 대한 우려도 제도적 안전장치와 높아지는 국민의 정치성숙도가 어느 정도 차단할 것이라 믿고 싶다.

새해 벽두부터 시작된 이스탄불과 자카르타에서의 도심 폭탄테러 등 계속되는 무차별 총성과 살상은 불안한 조짐을 예고하고 있는 증상들이다. 한국도 예외는 아니다. 예측할 수 없는 위험이 언제든 현실로 나타날 수 있다. 특히 북한의 도발과 경제적 불평등, 사회적 차별과 소외 등에 의한 자생적 테러 문제는 가장 우리가 관심을 가져야 하는 뇌관이다.

최근 독일 '슈피겔'의 편집국장 클라우스는 "이라크, 시리아 등 실패국가에서는 경제가 붕괴되고 있으며 이로 인해 무기력과 분노에 빠진 힘없는 젊은이들이 서방 및 아랍의 힘센 자들을 타격함으로써 일종의 보상심리를 얻기 위해 테러에 나서고 있다"고 말하기도 했다.

또한 〈21세기 자본〉으로 소득 불평등 문제를 세계적으로 공론화했던 프랑스 경제학자 토마 피케티는 중동발 테러의 원인은 "경제적 불평등 때문"이라 주장하며, 테러를 막기 위해서 "유럽은 통합과 일자리 창출을 되살려야 한다"고 촉구했다. 우리 사회 역시 갈수록 극심한 청년실업 문제로 절망의 벼랑에 몰리고 있는 젊은이들의 상태가 불안에서 좌절로, 그리고 이제는 분노로 향해 가고 있는 것은 아닌지 우려된다.

국제 테러단체나 북한의 테러를 걱정하기에 앞서 한국의 경제적 불평등과 차별이 어떤 파괴적 결과를 낳을지에 대해서 고민해야 할 때인 것 같다.

말할 것도 없이 분명 테러는 범죄다. 범죄자들은 벌해야 한다. 하지만 어떻게 젊은이들이 폭력과 범죄, 테러에 가담하고 어떤 사상을 위해 자기 몸을 희생하였는지 관심을 기울여야 한다. 우리는 중동과 유럽, 동남아 지역에서 벌어지고 있는 일촉즉발의 상황을 경험하지 않기 위해 과연 무엇을 하고 어디로 가야 하는가 논의하고 검토해야 한다.

결코 평화는 전쟁을 불사해야 지킬 수 있는 것이 아니라, 학습하고 키워야 하는 것이다. 평화보다 더 중요한 가치는 없기 때문이다. 이제는 국민들의 눈높이에 맞춰 갈등을 조율하고 여야를 떠나 국력을 총결집해 불안이 해소되고 더 큰 평화가 실현될 수 있는 따뜻하고 열린 사회가 되길 소망한다. 이제 더 이상 평화와 안보가 정치인들의 '프로파간다'로 이용되어서는 안된다.

참새를 잡는데 대포를 쏴서는 안된다

- 테러방지법, 인권침해 최소화가 과제 -

만병통치 적 해법은 될 수 없다.

2016년 우여곡절 끝에 제정된 테러방지법의 정식 명칭은 '국민 보호와 공공안전을 위한 테러방지법'이다. 대테러 행정의 법률성 확보와 테러에 대해 직접적이고 통일적으로 규율할 수 있는 관련법이 제정·시행되었다는 측면에서 의미가 있다. 그러나 보완적 측면에서 고민해야 할 사항이 있다. 첫 번째는 세부 운영 과정에서 인권침해가 최소화되도록 인간 안보 측면의 고려가 필요하다.

법 제정이 인권침해와 정보기관의 권한을 강화한다는 불신을 해소시키고 법의 명확성 원리에 근거해 운영되어야 한다. 무엇이 금지되고 허용되는 행위인지를 알 수 없다면 법적 안정성과 예측 가능성을 확보할 수 없고, 자의적 법 집행이 가능해지기 때문이다. 테러방지법과 같이 기본권 침해 우려가 있는 법에 있어서는 더욱 엄격히 요구된다 할 수 있다. 미국 등 주요 국가에서도 관련법들이 그 본래의 목적에도 불구하고 정치적·시민적 권리를 억압하는 데 활용됐다는 부작용론이 여전해 지금까지도 뜨거운 논쟁이 되고 있다.

더구나 테러방지법의 실제적 적용은 국가안보 논리가 우선 적용되기 때문에 반테러 안보냐, 국민의 기본권이 먼저냐 하는 논쟁은 앞으로도 더욱 가열될 수밖에 없다. 따라서 테러방지법 관련 공권력 집행은 국민의 자유와 권리 제한이 최소화되도록 주의를 기울여야 한다. 헌법에서 기본권 제한의 절대적 원칙은 필요한 최소한이다. 참새를 잡는 데 대포를 쏴서는 안 된다. 두 번째는 국민의 힘을 결집시켜야 한다. 무엇보다 과연 이 법이 대한민국의 국익과 평화, 국민의 현재와 미래 삶에 도움이 되느냐를 살펴야 한다.

먹고살기가 더 급한 국민의 다수를 무시한 채 여야의 정치적 논리만이 법안의 찬반을 기계적으로 대변해왔기 때문에 법안 제정의 필요에도 불구하고 국민의 힘을 결집하지 못하고 오히려 괴리감을 느끼고 있는 것이다. 정치적 양극화는 국민이 정치를 불신하게 된 원인으로도 지적된다. 정치인들이 민생을 생각하는 정치를 펴는 게 필요하다. 세 번째는 효율적 운영이다. 국무총리실, 법무부, 행정안전부, 국방부, 국가정보원 등 관련 부서들이 각자의 임무를 재조정하고 검토하는 사회적 합의가 우선

돼야 한다.

대테러 활동 체계에서 대테러 임무를 총괄할 사령탑으로서 국무총리실이 결정됐다는 점은 특징이다. 정보 수집이 핵심인 테러 예방 활동에서는 유관기관 간 긴밀하고 유기적인 협력 체제 구축이 필요하다. 국무총리실 소속으로 대테러센터를 구성하는 것은 범정부 차원에서 관련 업무를 종합적·체계적으로 수행하기 위해 국가적 대응 체계를 구축하려는 목적이라 할 수 있다.

그러나 정보 공유의 신경세포로서 갈수록 다양하고 복잡한 테러 상황을 분석하고 기관 간 조정과 통제가 필요하다는 측면에서 우려된다. 9·11테러 이후 미국이 기존 행정부 내 22개 각 부처에 분산된 대테러 기능을 통합해 국토안보부DHS를 신설하고, 국가정보장DNI 산하에 CIA, FBI, NSA 등 17개 정보기관을 총괄하는 국가대테러센터NCTC를 설치해 테러 관련 정보 분석과 대테러 활동 전략을 수립하는 등 국가 정보 시스템을 크게 개편했던 것은 우리에게 주는 시사점이다.

물론 테러방지법이 테러예방을 위한 만병통치적 해법은 될 수 없다. 그러나 기존의 법 집행은 원칙적으로 사건 발생 이후에 작동하는 반응적reaction 활동인 반면 테러 예방 활동은 미연에 차단할 수 있는 선제적proactive 활동이어야 하기 때문에 더 이상 전통적인 법 집행과 국가 공권력 작동의 틀이 제대로 작동되기 어렵다는 게 법 제정의 필요성이었다.

앞으로도 ISIS와 같은 극단적 무장단체에 의한 다양한 양상의 테러에 적극적으로 대응할 수 있도록 국제적 연대를 강화하고, 관련 법 체제 정비를 신속하게 하는 사법적 실행과 제도적 재정비도 중요하다. 그러나 가장 중요한 사항은 테러 자체에 대한 대응도 중요하지만 테러리스트를 만들어내는 환경을 원천적으로 차단해야 한다. 테러를 양산해내는 많은 이유 중 소외와 차별, 인권 박탈은 그중 제일 큰 원인이다. 따뜻하고 열린 사회가 테러 대비의 출발점임을 명심해야 한다.

극단주의 광기, 멈출 수 없나?

어떤 명분도 평화보다 더 높은 순위에 올 수는 없다.

해가 바뀌었지만 이슬람국가ISIS가 직간접으로 관여한 테러가 연쇄적으로 발생해 세상을 공포로 몰아넣고 있다. 지난 2016년 터키 이스탄불에서 발생한 자폭테러는 연간 3000만명이 방문하는 대표적 관광지에서 불특정 다수 관광객을 표적으로 했다는 점에서, 같은 시기에 발생한 자카르타 테러는 도심 한가운데서 게릴라전과 같은 공격을 자행했다는 점에서 테러 수법이 과거보다 더 잔인하고 대범해지고 있다. 사망자는 적지만 공포심 조장이라는 측면에서는 강도가 더욱 높다.

2001년 9·11테러가 미국 금융자본주의의 심장부 세계무역센터를 폭파하는 상징성을 보여줬다면, 2015년 파리테러는 빈민가 출신 테러범이 큰 상징성도 없는 극장에서 AK총기를 무차별 난사했다.

2016년 벽두에 발생한 이스탄불·자카르타 테러 역시 상징성보다 철저하게 맹목적 살상에 초점을 맞춘, 이른바 소프트 타깃 테러라는 점이 특징이다. 테러를 뿌리 뽑겠다며 시작된 테러와의 전쟁이었지만 오히려 인류는 더 큰 테러 위협에 직면해 있는지도 모른다. 이처럼 우리는 끝나지 않는 수많은 갈등과 증오가 무자비한 테러 행위로 표출하는 세계에 살고 있다. 단순한 반대 세력 공격에 그치지 않고 갈 데까지 가고 있는 인류 문명에 대한 일종의 도전적 선언이다. 지구촌 평화는 더욱 어렵기만 하다. 언제까지 폭력적 극단주의 광기에 세계가 유린돼야 하는지 걱정이다.

하름 데 블레이 미국 미시간 주립대 교수는 분노의 지리학이라는 책에서 미국이 직면한 세 가지 도전Three Challenges Facing America으로 글로벌 테러리즘, 중국의 도전, 기후변화를 들었다. 테러리즘의 위협은 오늘날 국제사회가 직면한 가장 심각한 안보와 치안 문제 중 하나다.

한국이라고 다를까. 테러는 프랑스, 터키, 인도네시아뿐 아니라 어느 나라에서도 일어날 수 있다. 국내에서 테러가 일어나지 않더라도 우리 아들과 딸이 여행 중 아무 죄 없이 사망할 수도 있다. 그러나 테러 피해로 수십, 수백 명의 사상자가 발생했다는 보도에 경악하면서도 우리는 여전히 테러를 남의 나라만이 겪는 추상화된 아픔과 고통으로 여기고 정치적 의도로만 이용한다.

한국의 테러 위협은 어느 정도이고 이에 대한 대비 전략은 무엇일까. 가장 중요한 것은 내재적 위기관리 시스템 구축이다. 이는 민관군이 함께 협조해야 하는 통합방위역량 강화와도 일맥상통한다. 이를 위해서는 사회적 통합과 국민의 투철한 안보의식이 우선돼야 한다. 전쟁과 테러가 발생하면 다치고 죽는 사람이 누구인가. 엄동설한에 최전방에서 철책을 지키는 장병, 자식을 군대에 보내놓고 매일 마음을 졸여야 하는 부모도 분명 우리 가족이고 이웃이다.

다음으로는 사회적 불안을 없애고 평화를 회복하는 것이 급하다. 따라서 사회 통합에 걸림돌이 되는 차별 요소들을 보완하는 게 무엇보다 중요하다 . 외국인 근로자 정책뿐만 아니라 우리 사회에 내재한 소외된 계층에 대한 불평등을 해소할 사회복지정책 차원의 고려도 있어야 한다. 우리 안에 뿌리 깊게 남아 있는 국수주의적인 편견의 색안경을 벗어 외국인 혐오주의를 최소화하고, 통합적이고 균형 잡힌 외국인 정책도 필요하다.

전쟁과 테러가 생활과 삶의 질에 얼마나 큰 영향을 미치는지 우리는 잘 알고 있다. 작은 위협만으로도 사회적 파장은 엄청나다. 하물며 위기가 아닌 실제 상황이라면 그 결과는 삶의 극단, 즉 참혹한 죽음으로 나타난다. 그럼에도 현실을 실감하기 전까지는 우리와는 별개라는 터무니없는 자만과 안이함에 편안하고 싶어한다.

그래서 테러 분자를 찾아내 소탕하면 테러가 근절될 것이라고 믿는 것보다는 테러의 원인이 무엇인지에 대해 곰곰이 생각해야 한다. 남북 간에도 추가적인 긴장 완화와 협력 분위기를 만드는 것이 중요하다.

특히 이번 기회에 남북 간의 평화문제는 결코 쉽지 않지만 평화를 제도화하는 노력을 계속해야 한다는 말도 보태고자 한다. 어떤 명분도 평화보다 더 높은 순위에 올 수는 없기 때문이다.

지하드... 진정한 성전인가? 변질된 폭력인가?

- 복음의 최종적 결론은 평화와 용서이다 -

원리주의의 덫에서 벗어나 다른 종교 인정해야

> 영토라는 실효적 지배 잃은 ISIS
>
> 전 세계 곳곳에 새로운 테러위협 요인 부상
>
> 원리주의의 덫에서 벗어나 다른 종교 인정해야

알라를 위한 것이라면 전쟁도 가리지 않는 무슬림들에게 '알라를 위한 전쟁'은 진정한 성전Jihad이라 할 수 있을까? 2014년 6월 29일 이라크 최대 유전 도시 모술을 장악한 극단주의 무장단체 ISIS는 '이슬람 국가Islam State' 수립을 선포했다. 이라크와 시리아 영토를 침범해 군인뿐 아니라 민간인까지 살해하고, 여성들을 성노예로 삼았다. 미국과 일본인 기자들을 납치해

이미지=iclickart

참수한 뒤 이 장면을 SNS와 인터넷에 공개했고, 고대 유적지를 폭파하고 어린 소년들을 데려다 살인에 가담시키기도 했다.

비록 참패해 영토라는 실효적 지배는 잃었지만 권토중래를 노리는 그들의 생명력은 끈질기다. 영국, 프랑스, 미국 등으로 뿔뿔이 흩어진 ISIS 외국인 전사들도 각국에 새로운 테러 위협요인으로 부상하고 있다. 동남아와 중동지역의 테러도 끊이지 않고 있다. 이슬람 극단주의 단체들은 이러한 행동을 '지하드Jihad'라 말한다. 아랍어로 '노력하고 투쟁하다'라는 뜻에서 유래한 단어이지만, 이슬람 경전 '쿠란'에서는 '알라를 위한 투쟁, 즉 성전聖戰'을 의미한다. 그리고 자신들을 성스러운 전쟁을 치르는 지하디스트라 부른다.

그러나 많은 학자들은 이는 진정한 성전이 아니라 신의 이름으로 저질러지는 변질된 폭력에 불과하다고 비판한다. 일반적으로 지하드에는 두 가지가 있다. 먼저 소지하드는 칼을 사용하는 지하드로 이슬람종교 및 이슬람공동체(움마)를 보호하고 이교도와 불신자들에 대항하는 것이며 그 다음으로 대지하드는 마음 속에서 자기 자신의 악과 싸우는 것을 의미한다. 즉 종교에서 말하는 자기 성찰이다. '쿠란'에서는 "정신과 언행으로 보여주는 대지하드가 오히려 더 큰 의미가 있다"고 말하기도 한다.

하지만 지하드의 의미는 시간이 흐르면서 공격적이고 과격한 개념으로 변질되고 있다. 이는 쿠란이 담고 있는 원래적 맥락 대신 물리적 투쟁이라는 새로운 가치가 부여된 일종의 해석적 맥락일수도 있다. 역사적 관점에서도 지하드는 오스만투르크족이 대제국을 건설하고 보전할 수 있게 한 가장 큰 원동력이었다. 그러나 유럽의 십자군 공격을 받아 많은 피를 흘리고 결국 몽골의 침략으로 멸망하면서 이슬람 사회에서는 "공격적인 지하드가 신자의 의무"라는 생각이 피어나게 한 변곡점이 됐다는 분석이다.

그래서 이슬람법 '샤리아'에서도 지하드는 불신자들에 대항하여 전개하는 무장투쟁을 의미하고 있다. 이게 바로 오늘날 극단주의 무장단체들의 투쟁의 명분이다. 무슬림들이 쿠란을 신의 계시로 받아드리는 한 지하드는 앞으로도 계속될 것으로 보인다.

그러나 분명한 것은 이로 인해 세계는 예측할 수 없고 예방할 수 없는 불안과 공포의 테러의 시대가 왔다는 점이다. '이슬람 국가 건설'을 목표로 테러를 자행하고 이슬람 율법에 따라 세워지지 않은 문명과 유물은 모두 이단이라고 주장하며, 인류사의 중요한 유물들을 폭파하거나 처형장소로 활용하는 것은 결코 이슬람의 가치가 될 수 없으며, 야만적 전쟁범죄일 뿐이다.

그래서 지금의 이슬람은 비록 1400년의 오랜 역사와 전통을 가진, 전 세계 18억 명이 믿는 종교이지만, 신앙적 본질보다는 극단적인 무장단체의 폭력적 이미지로 연상된다. 더구나 최근 국내에서도 "무슬림이 한국을 장악해 '이슬람화'하려 한다"는 난무한 주장은 제주 예멘 난민 문제와 관련해서도 첨예하게 여론이 분열되고, 이슬람 포비아의 결정적 원인이 되고 있다.

승자 없는 이 분열과 논쟁, 그리고 끔찍한 전쟁과 테러, 어떻게 끝내야 하나? 쉽게 해결할 수 없는 어려운 문제이다. 우선 서방의 입장에서는 서구 물질 문명과 이슬람종교 문명의 심화되는 대립구도를 극복하기 위한 지적 노력을 지속해야 한다. 이것은 우리가 목도하는 글로벌 이슬람주의 운동은 한 시대에 지나가고 마는 단순한 종교적 저항운동을 넘어서는 문명사적 현상이며, 패권적 서구문명에 대한 도전으로 이해해야할 필요도 있기 때문이다. 오랜 역사적 과정 속에서 형성된 이슬람세계의 아픔과 상처는 깊다.

반면에 극단주의 이슬람무장단체의 입장에서는 지금까지의 도전과 좌절의 반복 대신, 경직된 원리주의의 덫에서 벗어나 서방과 다른 종교를 인정해야 한다. 무슬림의 연대를 통해 서방세력을 제압하겠다는 투쟁 노선을 버리지 않는 한, 아픔은 갈수록 깊어갈 뿐이다. 극단은 극단으로부터 비롯되는 것이기 때문이다. 이제는 더 이상 참화에 희생된 숱한 어린 영혼들을 위해서라도 평화는 미루어져서는 안 된다. 종교는 타락한 세상을 꾸짖어야 하지만, 또 한편으로는 세상을 인격적으로 설득하고, 변화시켜야 한다. 어떤 종교이던지 복음의 최종적 결론은 평화와 용서이다.

TRUMP'S
REVISED
TRAVEL BAN
Iraq no longer on the list
SYRIA
IRAQ
IRAN
LIBYA
SUDAN
YEMEN
SOMALIA

제6부

칼을 쳐서 보습 만들려면… 국력 뒷받침 돼야

칼을 쳐서 보습 만들려면… 국력 뒷받침 돼야

힘을 바탕으로 한 강한 국가만이 평화를 지킬 수 있다.

남북 분단의 최전선인 비무장지대DMZ의 총면적은 907km²로 분계선으로부터 남방한계선까지 2km, 북방한계선까지 2km, 총 4km이고 길이는 임진강 하구에서 강원도 고성까지 248km이다. 남북한 첨예한 대결의 분단 현장이지만 이 지역은 1953년 휴전 이후 인간의 활동이 제한되어 환경이 잘 보존되어, 세계적 생태자원의 보고가 되었다. 남북은 지난 2018년 9월 19일 군사적 긴장을 해소하기 위해 장성급 군사회담을 열고 11월 1일부터 비무장지대DMZ 내 감시초소GP 11개에 대한 상호 시범철수 절차를 개시했다. 그동안 첨예하게 맞서 온 대결의 현장인 GP를 시범적으로나마 철수하는 것은 JSA 내 비무장과 더불어 남북 간 상호 불신을 줄이는 가시적인 첫 조치를 기대하기 위해서였다.

그러나 한반도에서 포성이 멎은 뒤 65년 만에 평화가 구현될 수 있는 계기이긴 하지만 평화적 접근은 결코 쉬운 일이 아니다. 최근에는2020.6.16 북한이 개성공단에 위치한 남북 공동 연락사무소를 폭파하여 긴장이 고조되었다. 남북 상호 간 물리적 장벽뿐만 아니라 서로 신뢰를 쌓는 마음의 장벽이 여전히 깊게 남아있는 게 더 큰 문제인듯하다.

그래서 정치학에서는 전쟁이 없는 평화가 어려운 이유를 두 가지로 들고 있다. 우선은 전쟁이란 각국의 상호작용에 의한 정책 선택의 귀결로서 발생한다는 것이다. 즉 주변국의 이해관계 등이 개입되면 전쟁을 원천적으로 제어하기가 쉽지 않다는 것이다. 다음은 불확실성이다. 특히 군사력은 통상 국가 기밀로 돼 있어 상대국의 의도나 능력을 정확하게 판단할 수 없다. 그래서 불확실성을 이용해 상대국에 진짜 의도를 은폐하거나 군사 능력을 속임으로써 분쟁 해결을 자국에 유리하게 이끌고자 할 수도 있다는 전략적 꼼수는 가장 경계해야 할 사항이다. 아무리 군사력을 행사하지 않는다는 합의를 교환해도 합리적 의심은 유지해야 한다.

남북 간 평화 문제에서도 국가의 구성 주체인 국민 대부분이 분명히 전쟁의 회피를 바라고 있더라도 국가 간 상호작용의 귀결이 전쟁 회피를 보증할 수 없다는 문제 때문에 국가의 정책 선택이 전쟁을 회피할 수 있다고 보증할 수 없는 것이다. 하지만 국가 간의 이해 대립이 즉시 전쟁으로 이어지는 것은 아니다. 역사적으로도 상호 대립 상황에서 전쟁보다는 오히려 비폭력적 해결을 달성하는 사례가 수적으로도 압도적이었기 때문이다.

그래서 칼을 쳐서 보습을 만드는 것은 분명한 우리의 소망이기도 하다. 그러나 분명한 사실은 힘을 바탕으로 한 강한 국가만이 평화를 지킬 수 있다는 것이다.

영국 정치사상가 토머스 홉스는 국가권력이 반드시 갖춰야 할 요건으로 국민을 보호할 수 있는 강력한 힘을 꼽았다. 우리 모두가 새겨들어야 할 안보적 패러다임이다.

국민적 소통과 결집이 안보와 평화의 가장 기본적 전제

"대의를 앞세우는 폭력"보다 "평화와 공감과 연대"의 사회

미국 올랜도, 이스탄불, 방글라데시에 이어 바그다드까지 연이은 이슬람 극단세력의 폭력적 극단주의의 무자비한 광기는 한때 전 세계로 확산되었다. 지구촌 질서에 대한 야만적 유린이었다. 더구나 코란 암송을 하지 못하는 인질을 살해하는 등 기독교 문명과 이슬람 문명의 갈등까지 부추겼었다. 이는 성스러운 지하드 수행이 아니라 오히려 반이슬람적인 죄악이며, 이교도들에 대한 종말론적인 투쟁이라는 '아마겟돈'적 전쟁일 뿐이다. 문명 간의 상호공존이 무너지는 암울한 시대, 절름발이가 되고 있는 세계 평화가 걱정된다.

그러나 전 세계를 이슬람 칼리프가 통치하는 신정국가로 건설하고자 하는 그들의 목표는 현실적이지 않은 잘못된 야심일 뿐이다. 지배받는 지역의

독립을 위해 싸우지 않으며 억압받는 독재국가 대중들의 정치적 자유를 위해 싸우지도 않는다. 더구나 이슬람 인구의 오직 소수만이 테러리스트이다. 그래서 그들은 극단적 테러리스트일 수는 있지만, 자유를 위해 싸우는 자유의 투사는 아니다.

근래 들어 계속되는 테러 자행은 다분히 최근의 이라크와 시리아에서의 위축을 대신하여 전장을 전 세계로 확대, 동시 타격 또는 전일적holistic 타격 전략으로 바꿔 자신들의 전략적 목표를 극대화하고자 하는 의도로 보인다. 조만간 시도할지 모르는 스펙터클한 '결정적 한 방'의 경고에 세계는 전면적이고 총체적인 대응이 필요한 위기적 상황이다.

우리가 간과하지 말아야 할 첫 번째는 ISIS의 만행이 유럽과 미국에 한정된 문제이거나 단순히 이라크와 시리아의 평화 회복으로 끝나지 않는다는 점이다. 그동안 여러 차례 극단 이슬람주의자들이 한국을 테러 대상국으로 지목하거나 경고한 점, 해외에서의 한국인 공격 감행, 국내 이슬람 외국인 인구 증가 등을 종합적으로 고려할 때 급진적 이슬람 세력의 테러 개연성은 우리에게도 상당히 우려할 만한 실체적 위협이다.

두 번째는 열린 사회의 추구가 이뤄져야 한다. 우리 사회에서 가장 큰 문제는 소수자에 대한 차별과 편견이다. 영국 철학자 칼 포퍼가 말한 열린 사회는 인류가 인간다운 삶을 유지하면서 살 수 있는 사회이다. 그것은 '대의를 앞세우는 폭력'이 우선 되지 않고, 소수자에게도 그들의 견해와 생각이 존중되는 '평화와 공감과 연대'의 사회이다.

특히 이주자의 2, 3세대들은 사회의 주류로 통합되지 못하고 정서적 유대를 위해 비슷한 처지와 문화적 동질감을 찾기 위해 자신들만의 격리된 공동체를 형성, 결속하는 과정에서 극단주의에 노출되고 학습화되는 과정을 밟게 된다. 특정 종교의 극단적인 광신자가 아니라도 한순간의 충동과 보복 심리로 얼마든지 대형 사건이 감행될 수 있다. 다민족이 섞여 살게 된 사회에서 잠재적 적개심을 키우며 지낸다면 테러는 일어날 수밖에 없다. 더구나 자생적 테러리즘이 한 사회에서 극단화하는 과정은 불과 4년에서 10년의 짧은 시간이 소요된다는 것이 FBI의 통계이다. 이는 잘못된 외국인 정책이 자생 테러의 잠재적 원인으로 작용, 한국이 새로운 테러 환경이 될 수 있음을 의미한다. 그 여파는 감당하기 쉽지 않을 것이다. 더 늦기 전에 해결해야 한다.

마지막으로 국민적 소통과 결집이 안보와 평화의 가장 기본적 전제이다. 이는 폭력적 극단주의로부터의 대응과 국가의 방위는 여야 입장이 다를 수 없는 우선적 사항이기 때문이다. 이제 정치에서도 가장 근본적인 물음은 '누가 통치자가 되어야 할 것인가'에 대한 고민이 아니라 '우리 일상의 평화와 생존과 번영을 어떻게 지켜 낼 수 있을까'에 대한 고민이어야 한다. 극단적 폭력주의가 난무하는 불안과 위기의 시대, 국민들의 지혜와 용기가 더 단단해질 수 있도록 함께할 때다. 어쩌면 이것이 이슬람 극단주의의 폭력과 공포로부터 국가를 방위하는 최상의 방책일 것이다.

포스트 ISIS, 새로운 안보위협에 대비가 필요하다

테러리즘은 본격적 글로벌 안보과제

이제 테러리즘은 어느 한 나라나 지역이 감당하기 어려운 본격적 글로벌 안보과제이기 때문에 국제적 공조는 중요한 사항이다

도널드 트럼프 미국 대통령이 대표정책으로 발표했던 반이민 행정명령 수정안 일부에 대해 미국 연방대법원이 법적 분쟁이 끝나기 전에 발효할 수 있다고 판결했다. 테러 원인을 '급진 이슬람 세력'으로 못 박고 무슬림 입국 전면 금지, 테러 관련 국가 출신자의 입국 심사 강화, 시리아 난민 수용 거부 등을 중점으로 이란과 시리아, 리비아와 예멘, 소말리아와 수단 등 이슬람권 6개국 출신 입국자 중 미국 내 개인이나 단체와의 진실한 관계를 증명할 수 없으면 90일간 입국 금지 조치가 적용된다는 내용이다.

그러나 트럼프가 제시한 '미국적 가치'를 정확히 특정하기 어려우며, 이민자 사상검증이 역으로 미국 최우선가치인 표현의 자유를 위반하고, ISIS에 경도된 이슬람 급진주의자들은 이민자에 의해 양성되는 것이 아니라 ISIS의 온라인 선전물을 통해 형성된다는 지적이다. 중국, 러시아 등 다른 국가와의 대테러 협력을 어렵게 할 여지가 있다는 우려도 제기된다.

결국 오바마 대통령의 대테러정책과 논리의 차이는 있지만 트럼프 정부의 대테러 정책 역시 미국이 지금까지 견지해온 '절대적 불 양보 의 원칙'에서 크게 벗어나지 않는 강력한 정책이 될 것 이라 판단된다.

어쩌면 미국의 현대사는 9·11테러의 이전과 이후로 구분된다고 해도 지나친 말이 아니다. 그 정도로 9·11테러는 미국사회에 큰 충격이었다. 테러와의 전쟁을 명분으로 인권과 민주주의의 가치를 일부 훼손하기도 했고, 무슬림Muslim에 대한 증오범죄가 잇따르기도 했다. 종교의 이름으로 폭력을 행사하는 것이 문제이지, 종교적 신념의 차이 자체는 존중해야 한다는 깨달음을 얻기도 했다.

9·11테러이후 지금까지 미국이 주도해온 '테러와의 전쟁'은 알카에다Al-Qaeda 조직해체와 오사마 빈라덴Osama Bin Laden 등 지도부제거에 집중되었고, 이슬람 극단주의테러리즘이라는 테러집단의 변형을 통해 탄생한 ISISIslamic State의 제거도 눈앞에 앞두고 있다. 지하 조직화해 몰락의 위기를 넘기고 ISIS로 재출현할지는 모르지만, 쇠락 위기에 직면한상황이다. ISIS가 붕괴

되면 이제 지구의 평화는 올수 있을까?

전문가들은 ISIS 격퇴 이후 시리아 지역에서 미국과 이란·러시아의 주도권 싸움이 펼쳐질 것으로 전망하고 있다. 최근 미군은 시리아 정부군 전투기를 격추했고, 시리아 에서 미군 주둔지에 접근하는 정부군의 무장 무인기드론를 파괴했다. 러시아와 이란은 시리아의 알 아사드 정권을 지원하는 상황이다. ISIS가 사라진 시리아 영토 내에서 주도권을 잡기 위해, 냉전이후 잠잠했던 '동서대립'구도가 다시 고조되고 있다.

그래서 오히려 '포스트 ISIS'시대가 더 큰 위기를 부를 수 있다는 불안감이 증가하고 있다. 자칫 "양측의 잦은 충돌이 미국과 러시아、이란의 직접 충돌로 이어져 ISIS가 사라진 후 벌어질 거대한 전쟁의 불씨가 될 수 있다"는 우려이다. 지구촌에 닥칠 또 다른 위험이다.

우리가 살펴야 하는 사항은 포스트ISIS시대에 미국의 전략적 변화이다. 중동의 상황변화는 그동안 '테러와의전쟁'에 투입된 자원을 조정하고, 장기적으로 중국의 부상이 초래할 아시아 지역의 지정학적 불안정성을 관리하려는 미국의 '아시아 재 균형Asia Rebalancing'전략에 일정부분 영향을 미칠 수 있는 사안이기도 하다,

이는 한반도 정세와도 밀접한 상관성이 있는바, 향후 ISIS의 정세 및 이에 대한 미국의 ISIS대응전략을 예의주시할 필요가 있다. 미국의 대테러정

책을 전망하는 것은 우리의 안보 등 대테러 정책수립에도 영향을 주는 중요한 사항이기 때문이다.

더구나 우리나라역시 국제적 테러의 안전지대도 아닐 뿐만 아니라 북한의 테러위협에 노출되어 있다. 세력이 약화된 테러세력들이 '외로운 늑대'들의 '자생적 테러'로 전략을 전환하면서 민간인 영역으로 테러전선이 확산될 수도 있다.

이제 테러리즘은 어느 한 나라나 지역이 감당하기 어려운 본격적 글로벌 안보과제이기 때문에 국제적 공조는 중요한 사항이다. 더구나 한미관계는 가장 가까운 전통적 우방으로서 튼튼한 한미공조 속에서 상호 탄탄하고 긴밀한 관계를 유지하면서 북핵문제와 테러위협도 철저히 대비해 나가야 한다. 하지만 '공조'란 서로 돕는다는 뜻이다. 서로의 이익을 위해 동일행동을 취하기로 국가 사이에 약속한 게 동맹의 의미이다. 그래서 동맹끼리 보조를 맞추는 것은 중요한 문제이다. 한미 동맹은 거래적 관계의 시각을 떠나 더욱 건강하고 탄력 있게 이끌어 가야 할 것이다.

북한, 통일의 동반자와 안보위협이라는 이중적 존재

김정남 암살사건은 2017년 2월 13일 김정남이 말레이시아의 쿠알라룸푸르 국제공항에서 신경화학제인 'vx' 독극물에 의해 살해된 사건으로 말레이시아 경찰이 발표하였다. 그러나 북한은 암살 배후설을 전면 부인하며 한국정부의 조작을 주장하고, 말레이시아 경찰의 수사결과도 전혀 믿을 수 없다고 주장했었다.

북한은 분단이후 현재까지 「노동당 규약」 전문에도 명시된 '민족해방인민민주주의 혁명'을 통한 '전한반도의 주체사상 화'라는 대남적화전략으로 일관해오고 있다. 따라서 북한의 무력도발 및 대남테러가 즉흥적이거나 일시적인 것이 아니라는 것은 북한의 체제적 특성에서 나온 북한의 대남전략·전술과 직·간접으로 연결되어있음을 알 수 있다.

우리가 주목하고 경계해야 할 점은 체계적인 조직뿐만 아니라 대남 공작이 한국과 주변국들의 정세에 따라 그 수위와 방법들을 조절하며 치밀하게 진행된다는 점이다. 북한은 그들의 공작 기구를 통해 그동안 요인암살, 납치, 항공기 납치 및 폭파, 무장공비 침투, 어선 및 공작선 침투 등 갖은 테러를 자행하여 국가지도체제를 마비시키고, 후방을 교란하고, 그리고 국제사회에서 한국을 불안한 나라로 인식토록 하는 등 대남혁명전략·전술을 꾸준하게 전개해왔다.

이처럼 지난 반세기가 넘도록 북한의 대남도발과 대남테러는 수많은 사례가 있다. 하지만 테러행위란 누구에 의해, 어떤 시점에서, 어떤 장소에서, 어떤 이유로 발생할 것이라 예측하기가 참으로 어려울 뿐만 아니라 김정남에 대한 독소테러경우처럼 전혀 예상 못한 방법을 사용하는 등 공격유형이 다양해지고, 공격무기도 새롭게 발달하고 있어 테러에 대한 대비책 마련이 쉽지 않은 실정이다.

이러한 까닭에 북한의 테러에 대한 우리의 대비전략은 다양한 측면에서 다각적이면서도 국가위기관리차원에서 종합적·체계적으로 대비하는 전략이 강구되어야 한다.

따라서 어떠한 형태의 테러행위도 철저히 방지·극복할 수 있는 국가위기관리시스템의 구축과 운용이 요구된다. 활동지침이나 법규만으로도 충분히 대응할 수 없기 때문에 철저한 개선·보완을 통한 테러대비태세 및 전략도 필요하다.

또한 국민의식을 제고하고, 사이버 테러 전담반도 확대 개편하며, 주요 시설의 경계강화도 중요하다. 우리의 안보상황은 북한의 군사적 위협이 여전히 상존하고 있으며, 전면전과 국지도발에 병행하여 테러, 국제범죄, 마약, 생화학 및 사이버 테러 등 새로운 형태의 안보위협은 물론 불특정 위협에 대한 대비도 요구된다.

더구나 현대의 국제테러리즘이 갖는 특징은 본질적으로 국경을 넘는 초국가적 성격으로 특정 국가의 수출적 테러의 성격을 지니기 때문에 국제적인 협력은 매우 중요하다.

테러는 더 이상 약한 자의 무기가 아니다.

테러는 더 이상 '약한 자의 무기'가 아닌 국가의 대외정책 목적을 달성하기 위해 사용할 수 있는 수단중의 하나가 돼

북한이 테러리즘 정책을 포기했다고 보기 어려우며 앞으로도 테러리즘 정책을 고수하면서 남한 내부의 불안과 혼란상태를 조성함으로써 최종목표인 무력적화통일의 기반을 조성하려 할 가능성이 크다.

테러는 국가안보를 위협하는 새로운 전략적 도구로 가능하며, 그것은 전통적인 전쟁으로 도저히 대적할 수 없는 적대국가에 대항할 수 있는 효과적인 전쟁방식이 되고 있다.

테러가 국제적·국가적으로 주목을 받는 원인은 테러공격은 세계적인 매체를 이용하여 선전하고 공포심을 안겨줄 수 있으며, 테러 후원국가나 준국가적 후원자를 대신해서 은밀히 테러를 범행할 수 있고, 잠재적으로 대규모 혼란이나 대량살상을 초래할 재래식 혹은 최첨단 수단을 활용할 수 있으며, 특정목적을 경제적으로 쉽게 달성할 수 있기 때문이다.

테러는 더 이상 약한 자의 무기weapon of the weak가 아닌 국가의 대외정책 목적을 달성하기 위해 사용할 수 있는 수단중의 하나가 되었다고 볼 수 있다. 따라서 "공산당의 전략과 전술이 음모의 과학이며 파괴와 반항의 기술"이라고 한 왓슨Hugh Warson 교수의 말처럼 북한은 테러리즘을 북한의 정책수단과 연관하여 계속 사용할 것으로 보인다.

또한 우리 자체의 북핵을 포함한 대량살상무기의 무력화전력의 확보노력도 병행해 나가야 할 것이다. 북한의 대량살상무기핵·화생무기와 미사일에 대한 대응책으로 우리 자체의 정보·정찰·감시기능을 확충해야 하고, 전략적 정밀타격력의 확보를 위한 노력도 가속화해야 할 것이다. 북한의 사이버 테러에도 대비해 나가야 할 것이다.

테러는 그 어떠한 명분으로도 용납될 수 없는 국제분쟁의 원인이자 '평화의 적'이다. 앞으로도 평화와 협력의 상호 노력이 없는 한 북한과 국제테러단체에 의한 테러와 국지분쟁은 여러 분야에 걸쳐 확대되고 다양한 형태의 자생적 모방 테러도 예상되고 있다.

북한은 아직 우리에게 이중적인 존재이다. '통일의 동반자'로서 화해의 대상인 '민족'이라는 얼굴과 우리의 생명과 재산을 안보적으로 위협할 수 있는 '주적'의 얼굴이라는 측면이다.

특히 2020년 6월 16일 발생한 북한에 의한 남북 공동 연락사무소 폭파가 상징하는 건 남북 관계 위기 국면의 심화였다. 북한의 거친 발언과 도발로 인한 충돌은 언제든지 우려되는 사항이다. 화해 협력에서 대결로 갑작스러운 북한의 태도 변화는 남북 관계의 예측하기 힘든 변수이다.

따라서 우리가 대주변국 및 국제테러리즘에 대한 안보 등을 고려할 때 항상 잊어서는 안 될 것은 대북 화해협력을 위한 노력과 대북 안보를 튼튼히 하기 위한 노력은 양자택일의 사안이 아니라 함께 굴러가야 할 수레바퀴와도 같은 것이라는 점이다. 대북정책은 '민족간 화해협력'과 '대북안보'라는 두 개의 수레바퀴에 의해 굴러가야 하는 것이 마땅하다.

북한 테러지원국 해제? 문명국가로 발돋움하나?

북미정상회담 이후, 테러지원국 해제 거쳐
북·미 수교로 이어지길 기대

북미대화의 진전이 멈추면서 2020년 현재도 북한은 미 국무부의 '테러 지원국'으로 지정돼있다. 더구나 최근에는 북한을 '대테러 비협력국not cooperatingfully'으로 24년 채 재지정했다. 그러나 교착상태에 빠진 북미대화가 진전된다면 미국이 북한에 '반년 내 핵무기 반출'을 요구하고, 그 보상 방안으로 북한에 대한 '테러지원국'지정 해제 검토가 이루어질지 관심이다. 만일 해제 시에는 북한은 그들이 원하는 경제적 이익으로 연결될 수 있다. 실제 미국은 2015년 테러지원국이었던 쿠바와 관계복원을 선언하고 33년 만에 테러지원국 명단에서 삭제한 전례가 있다.

이미지=iclickart

테러지원국은 미 국무부가 국제적 테러 행위에 직접 가담했거나 이를 지원하고 방조한 혐의가 있다고 간주한 나라를 대상으로, 1979년부터 '수출통제법'에 의거해 매년 정기 또는 수시로 지정하는 것으로, 테러지원국으로 지정된 나라는 무기수출 과 대외원조를 금지하고 무역 제재 등의 각종 제재를 받는다.

즉 핵, 미사일 등 군수물자 수출을 전면 금지할 뿐 아니라 민간용으로 개발됐지만 군사용으로도 사용할 수 있는 이중용도 품목이나 기술을 수출할 경우 허가를 얻도록 하고 있다. 그러나 무엇보다 강력한 제재는 경제제재다. 국제부흥개발은행IBRD이나 국제통화기금IMF 등 국제 금융기구로부터의 지원이나 신용공여가 어려워지며, 교역도 상당부분 제약된다.

현재 테러지원국은 이란·수단·시리아·북한 등이 지정돼 있다. 원래 북한은 1988년에 테러지원국에 지정됐다. 일본의 적군파 단원에게 도피처를 제공한데다가, 아웅산 묘역 폭탄테러사건1983.10.9과 대한항공 858기 폭파사건1987.11.29 등의 테러를 일으킨 것이 그 사유였다. 그 뒤 북한은 영변 핵시설 냉각탑을 폭파하고, 부시 행정부와의 핵 검증 합의에 따라 2008년 10월 테러지원국 명단에서 해제됐다. 그러나 2017년 11월 20일 미국은 "핵 초토화로 전 세계를 위협하고, 외국 영토에서의 암살 등 국제적인 테러리즘을 지원하는 행동을 되풀이 해왔다"며 북한을 테러지원국으로 재지정했다.

이처럼 해제와 지정이 반복된 북한은 지난 2014년 말 김정은 국방위원장 암살을 주제로 한 영화 '인터뷰'를 제작한 소니픽쳐스를 해킹한 배후로 북한이 지목되면서 미 일각에서 다시 북한을 테러지원국으로 재지정해야 한다는 주장이 다시 제기된 사례도 있다. 하지만 소니 해킹과 같은 사이버 테러의 경우는 '물리적 폭력이나 인명에 대한 위해'를 전제로 하는 미국연방법의 테러개념과 맞지 않고, 이미 북한은 국제사회로부터 강도 높은 제재를 받고 있기 때문에 재지정은 실효성이 적고, 국제 관계의 부담도 있다는 판단으로 진행하지 못했다.

어찌됐던 최근 북한은 몇 가지 난관도 있었지만 남북 정상회담으로 조성된 해빙 분위기로 풍계리 핵 실험장을 폐쇄하고, 포괄적 핵실험금지조약 CTBT 가입을 시사하는 등 비핵화를 위한 성의를 보이고, 싱가포르에서 북미 정상회담을 개최하기도 했다.

만약 회담이 성공한다면 '종전선언'을 첫 단계로 하여 '평화협정'이 진행될 가능성이 높았었다. 우선 종전선언은 지난 2018년 안에 하자는 게 판문점 합의 사항이었기 때문에 이게 되고 나면 다음 단계론 북·미 간 연락사무소가 설치될 것이고, 연락사무소를 통해 접촉을 이어가면서 각종 제재를 풀어나가는 게 그다음 단계가 될 것으로 보였었다. 그러나 지난 2018년 우리 정부는 해빙기를 맞은 남북 및 북미 관계를 활용해 남북미간 종전선언까지 도출을 꾀했지만 북미대화가 삐걱대면서 결국 실패했다. 이제 종전선언을 위한 새로운 동력을 마련하기 위해서는 중국을 포함한 남북미 중간 대화와 협상이 절대적 필요한 상황이다.

북한 입장에서는 테러지원국에서 벗어나야 IMF 같은 국제기구에 가입할 수 있고, 경제건설 자금을 지원 받을 수 있기 때문에 테러지원국에서 빼거나, 적성국교역법 적용을 종료하는 문제를 먼저 요구할 것으로 보이지만, 이 부분은 미국 입장에서도 의회를 거쳐야 하기 때문에 마지막 단계가 될 것으로 보인다. 여기까지 되고 나면 북·미 간 수교를 거쳐 평화협정에 골인할 수 있다는 것이 일반적인 로드맵으로서 전망된다.

돌이켜보면 지금까지 한국 대북정책의 출발점은 대미정책에 있었다. 그러나 이제 문재인 정부는 비상한 각오로 워싱턴을 움직이려고 노력하고 있다. 한국이 미국 주도의 '최대의 압박'에 동참하면서 '국면 전환'을 기다리는 것만으로는 한반도 평화를 기약할 수는 없는 노릇이기 때문이다. 우리의 운명은 트럼프와 김정은 의 이성에만 맡겨두어서도 안 된다. 그런 측면에서 필요할 때는 한국의 입장을 분명히 미국에 전달하고 강력히 설득해야 하는 것이다.

북한 역시 이제는 경제를 발전시키기 위해 적극적으로 외부 세계에 문호를 적극 개방하고 합류해야 할 때다. 국제적 기준과 상식에 부합하는 국가가 되기 위해서는 평화로운 정치, 경제, 사회 개혁 정책을 이끌어 국제사회에 등장하는 국가가 되어야 한다. 최근 판문점선언으로 시작된 남북 간, 북미 간의대화 분위기 등 국제사회의 공동 노력이 헛되지 않고, 북핵 문제의 평화적 해결에 기여하고, 북한도 21세기 문명국가로서 발 돋음 하길 기대한다.

힘으로 정의된 국가이익만이 국가정책의 기준

- 미국의 북한 선제타격 가능한가? -

9·11테러사태 이후 미국의 세계전략과 대외정책

북한의 대량살상무기 공격 시 이를 완전히 무력화할 수 있는 최첨단 방공전력 구비와 적 지휘부를 완벽하게 제압할 수 있는 전력의 확보 중요해

2015년 북한의 5차 핵실험과 잇단 미사일 도발로 한반도의 긴장이 고조되던 시기 미국의 마이크 멀린 전 합장 의장은 '만약 북한이 미국을 공격할 수 있는 능력에 아주 근접하고 미국을 위협한다면 자위적 측면에서 북한을 선제타격할 수 있다'고 주장한 바 있다. 트럼프 정부에서도 북핵·미사일 문제는 여전히 임기의 핵심 의제이다. 그러나 많은 전문가들은 한반도의 긴장이 고조되고는 있지만, 미국이 북한을 선제 타격할 가능성은 적게 보고 있다. "미국의 선제타격은 한반도라는 화약통에 불을 붙이는 격"이 될 수 있기

때문이다. 그러나 북한의 추가적인 핵실험과 같은 사항이 우발상황을 초래할 수 있다. 사라예보의 총소리 한 번에 1차 세계대전이 일어났기 때문이다.

더구나 2020년 5월 미국 국무부는 북한을 또다시 '대테러 비협력국'not cooperating fully으로 재지정했다. 북한은 지난 1997년부터 미국의 대테러 비협력국으로 북한과 이란, 시리아, 베네수엘라, 쿠바 등을 무기 수출 통제법에 따라 미국의 대테러 노력에 전적으로 협조하지 않은 나라들로 인증한 것이다. 이번 인증에 따라 이들 나라에 국방물자와 서비스에 대한 판매 또는 수출허가가 금지된다. 이미 미국은 이와는 별도로 북한을 시리아, 수단 등과 함께 테러 지원국으로 지정해놨다. 미국은 지난 1987년 대한항공 폭파 사건을 이유로 이듬해 북한을 테러 지원국으로 지정했다가 2008년 해제했다. 이후 미국인 대학생 오토 웜비어가 북한에 억류됐다가 풀려난 뒤 숨진 사건이 벌어지자 2017년 다시 테러 지원국으로 재지정했다. 테러 지원국으로 지정될 경우에는 무기 수출 금지, 대외원조 금지, 무역 제재 등의 각종 제재를 받는다. 테러 활동과 연관이 있는 미국 내 북한 자산도 몰수된다.

'선제 타격 설'이 계속 나오고 있는 것을 이해하기 위해서는 먼저 미국의 안보환경변화를 주목해야한다. 바로 2001년 9·11테러가 미국의 안보환경에 근본적인 변화를 가져오게 한 사태라 할 수 있다. 2차 세계대전 종전 이후 9·11테러 이전까지 지속된 미국의 안보독트린은 미국이 핵무기를 비롯한 강력한 보복능력을 보유하면 어떤 나라도 파멸적 보복이 두려워 미국을 먼저 공격하지 못할 것이라는 억지와 봉쇄의 논리였다.

이에 따라 핵무기를 포함한 미국의 군사력은 선제공격용이 아닌 억지용으로 간주되었으며, 상황에 따라 재래식 군사력이 보복공격용으로 사용되었었다. 그러나 9·11테러는 '알카에다'라는 테러조직이 미국에 선제공격을 가했고, 이후 테러조직과 연계된 적대국들이 대량살상무기로 미국을 공격할 가능성도 무시할 수 없게 됨에 따라 선제공격전략이 이때부터 적극적으로 나왔다 할 수 있다.

따라서 9·11테러사태 이후 미국의안보정책은 대테러전과 군사변환military transformation이라는 양대 축을 중심으로 대외안보·군사전략의 대전환을 모색하고 있다고 볼 수 있다. 즉 선제공격을 포함한 '선별적 참여와 확대'의 국가안보전략과 '공세적 신속유연반응'이라는 군사전략이라는 종전과는 다른 전략을 구사하며 테러와의 전쟁을 수행해오는 것이다.

그래서 그동안 미국 행정부가 기존의 동맹국들과 갈등을 겪으면서도 수행한 테러와의 전쟁, 대량살상무기의 비확산, 반확산, 미사일 방어계획은 모두 미국 본토에 대한 외부의 위협을 사전에 예방함으로써 미국의 절대적 우위supremacy를 공고히 하고자 하는 세계전략에서 나온 것이라 이해하면 된다.

그런 측면에서 최근의 북한의 핵·미사일문제는 북미·북일 관계뿐만 아니라 국제사회에 있어서 중대한 현안문제라 할 수 있다. 이로인해 북한의 대량살상무기는 미국정부의 안보독트린의 핵심이라 할 수 있는 '선제공격'의

표적이 되고 있는 것도 사실이다.

그럼 만약 북한이 추가적인 핵실험이나 미사일 발사라는 Red Line을 넘을 시에 우리는 어떻게 대응해야할까? 국제정치학자인 한스 모겐소Hans J. Morgenthau는 "국가의 생존이 최소한의 국가이익이며, 국제정치는 근본적으로 상반되는 이익의 세계에 기초하고 있기 때문에 냉혹한 국제사회에서 생존하려면 '힘으로 정의된 국가이익'interest defined in terms of power만이 국가정책의 기준"이라 말한 바 있다.

한국은 9·11테러사태 이후 미국의 세계전략과 대외정책의 근본적인 변화에 주목하여 유럽과 중동에서 확산되었던 반미·반전의 논리만으로 미국에 대응할 것이 아니라 냉철하게 국익을 판단하고 북한 핵문제, 한미동맹, 경제문제 등을 슬기롭게 해결해야 할 필요가 있다. 북한 핵문제의 평화적인 해결을 바라는 한국의 입장과 북한의 개혁·개방, 그리고 미국의 입장을 절묘하게 조화시키는 일이 향후 양국 정부의 중대한 과제가 아닐 수 없다.

이라크 전쟁의 명분은 유엔의 무기사찰 거부와 대량살상무기 은폐에 대한 미국의 응징이었다. 최근의 한반도 긴장위기상황에서 북한은 한국을 볼모로 한 핵 카드가 과연 남북한 간 신뢰구축과 민족의 공동번영에 합당하고 핵 카드로 커다란 반대급부를 받을 수 있다고 생각하는지 냉정하게 성찰해야 할 것이다. 동시에 미국은 한반도 안보상황의 특수성을 살피고 무력에 의한 해법보다는 평화적 해결을 모색하도록 강구해야한다.

결국 한반도 핵 위기시 가장 큰 피해자가 될 우리로서는 북한의 대량살상무기 공격 시 이를 완전히 무력화할 수 있는 최첨단 방공전력 구비와 적 지휘부를 완벽하게 제압할 수 있는 전력의 확보가 중요하다고 할 수 있다. 따라서 우리는 한미동맹관계의 증진 등 국제공조와 한반도의 평화정착과 통일안보역량을 증대, 북한 핵문제의 평화적 해결을 위한 주도적인 노력을 다해야 할 때라고 생각한다.

경계선이 사라진 전쟁...
핵과 미사일보다 무서운 무기, 바이러스

코로나19, 보이지 않는 적과의 전쟁

적은 존재하지만 보이지 않고 찾을 수도 없다. 2019년에 발생한 신종 코로나 바이러스 감염증코로나19의 거센 확산으로 인한 미생물과의 전쟁으로 인류는 2차 대전 이후 가장 큰 공포와 위기에 직면했다.

현대의 많은 전략사상가들은 미래에는 살상력이 높은 탄약과 로봇이 개발됨으로써 전장이 자동화되고 전자식으로 운용되는 것은 물론 우주공간에서도 이들 무기들이 사용될 것으로 예상했다. 이런 예측 때문에 전쟁 수행에서 가장 중요한 기술인 핵무기와 고속 투발수단의 개발이 절정을 이루기도 했다. 그러나 최근의 신종 바이러스와 같은 사태는 지금까지의 우리의 예측이 얼마나 안이하고 잘못된 판단이었는가를 깨우치게 한다.

코로나 19사태로 지금 세계는 전쟁보다 더한 투쟁을 전개하고 있다. 프랑스와 이탈리아, 스페인, 영국 등은 국가비상사태를 선포했고 독일은 국경까지 통제했다. 미국은 급기야 재난법인 '스태퍼드 법'을 근거로 약61조에 달하는 재정 지원을 늘려 연방재난관리처FEMA가 재난기금을 활용하여 각 주정부등에 바이러스 확산을 막기 위한 추가 예산과 자원을 사용하고, '자택대피령'을 내렸다, 국방물자 생산법도 발동, 민간부분을 군수물자 생산에 동원하고 이동통제를 위해 군대까지 동원하였다. 앞으로 국가안보적 측면에서 우리가 가장 경계하고 주의해야할 국가방위와 대테러정책의 주요 수단은 바로 코로나19와 같은 병원균이나 화학물질을 이용한 독소 무기에 대한 대응이어야 할 것이다.

가난한 자의 핵무기, 바이러스

역사를 살펴보면, 과거 많은 전쟁과 테러에서 생물학 및 화학 작용제가 사용된 경우는 많았다. 최근의 대표적 사례는 9·11테러 직후에 발생한 탄저균 우편테러와 1995년 일본 옴 진리교에 의한 도쿄지하철 사린가스 살포사건 등이 있다. 일반적으로 탄저병과 같은 박테리아, 천연두와 같은 바이러스, 곰팡이, 독소, 최근의 코로나19 등 질병을 일으킬 수 있는 병원균이나 미생물 등의 생물학 작용 제는 전략적 가치를 극대화할 수 있고 강력한 효과를 발휘할 수 있다. 더욱이 핵무기에 비해 개발이 쉽고 비용이 적게 들기 때문에 '가난한 자의 핵무기'로 불리면서 강력한 무기로 활용됐다.

관통 무기보다 경각심을 가져야 할 이유, 전염성

바이러스와 같은 생물학 작용제가 무서운 이유는 전염성이다. 인체에 감염돼 질병을 일으키기 위해서는 일정한 시간이 경과해야 한다는 점, 즉 방출과 효과가 즉각 인지되지 않는다는 점이 가장 큰 위험요소이다. 증상이 나오기 전까지는 감염되더라도 까맣게 몰랐던 것처럼, 만약 전쟁과 테러에서 생물학무기가 사용되더라도 사전에 이를 찾아내고 감시한다는 것은 쉽지 않다. 그래서 특정지역만 피해를 주는 화학작용제보다 오히려 더 위험한 무기로 평가된다.

코로나19처럼 바이러스의 소리 없는 공격이 사회에 미치는 정신적 충격과 혼란·공포는 상상하기 힘들다. 만일 제대로 통제되지 않는다면, 매우 쉽고 빠르게 분산돼 최초에 사용된 장소로부터 2차 감염을 초래하게 된다. 앞으로 생물학 기술의 진보에 따라 더 적은 자원으로 더 위험한 작용제 개발이 용이해질 수 있어, 생물학 무기에 대한 우려는 더욱 증가될 것이다. 따라서 바이러스와 같은 생물학무기들이 전통적인 폭발물이나 화약에 기초한 관통무기보다 경계되지 못하고 오히려 관용적이었던 것은 우리가 경각심을 가져야 할 사항이다.

코로나19 팬데믹, 전쟁보다 더한 환란에 대비해야 한다

독소 무기는 대량 피해와 공포에 의한 사회적 혼란 야기하는
전형적인 뉴테러리즘

아마도 많은 지구촌사람들은 설마 우리가 사는 시대에 전쟁보다 더한 환란이 일어날 것이라는 생각은 미처 하지 못했을 것이다. 모든 일상은 셧다운 되고, 세계의 주요 도시는 적막감만 흘렀다. 국가 경제까지도 뿌리째 흔들렸다. 그래서 이번 코로나19 확산 사태를 단순히 특정 지역과 특정 종교의 감염 확산 또는 마스크 대란 사례로만 봐선 곤란하다고 생각한다.

이번 코로나19 사태는 신종바이러스에 의한 생물학적 감염사태였지만, 향후 우리가 더욱 주목하고 대비해야 할 것은 화학적 요인까지 포함한 독소 테러리즘이라 생각한다. 9.11테러 이후 대부분의 테러리즘 전문가들은 이미 후속 테러가 생화학테러가 될 것이라고 우려한 바 있다. 일반적으로 독소 테러리즘은 잠재적으로 사회 붕괴를 의도하고 바이러스, 세균, 곰팡이, 독소 등을 사용해 살상하거나 사람, 동물 혹은 식물에 질병을 일으키는 것을 목적으로 하는 테러 행위이다.

이중 세상에서 가장 치명적인 독毒들을 인명 살상용으로 재생산한 것이 바로 생화학무기다. 화학무기는 본래 악하고 독한 성질을 극대화해 제조한 것으로, 이를 접촉하거나 호흡하는 사람은 짧은 시간 안에 살이 썩어 들어가고 신경이 마비되며 심하면 죽게 된다. 생화학무기는 그 위력 면에서도 핵무기 다음가는 대량살상무기다.

특히, 생화학무기 제조공장을 보유하는 데도 그리 큰 비용이 들지 않는다. 공장 설립에 드는 비용은 약 1만 5,000달러약 2천만원 정도면 충분하며 발효장치와 세균 배양기만 갖추면 제조할 수 있다. 생물 무기용으로 제조되는 세균과 바이러스들은 원래 기본적으로 치사 가능한 독성과 전염성을 가지고 있는데, 군사용으로 제조되는 과정에서 치사량을 극대화하고 증식력을 배가시켜 치명적인 괴물로 재생산된다. 생물무기가 공기 중에 살포된다면 최근 코로나19 사태에서 확인된 것처럼 세균 하나, 바이러스 하나가 바로 가공할 살상력을 지닌 폭탄이 되는 것이다.

더구나 생물무기는 부피가 작고 이동이 간편하며 소량으로도 대량 인명 살상이 가능한 특성상 소규모 테러 집단에 의해서도 일어날 가능성이 있으며 이들에 의한 생물테러는 사회를 큰 혼란에 빠뜨릴 수 있다. 생물테러가 발생할 경우를 가상한 모의 시나리오에 따르면 천연두가 생물테러의 수단으로 사용되고, 적절한 통336제가 되지 않을 경우 미국에서만 2달 이내에 300만명이 감염되고 이 중 100만명이 사망하리라는 것이 전문가들의 예측이다. 이러한 상황은 의도된 생물 테러가 아니라 부주의나 사고를 통해서도 발생할 수 있으며, 실제 1979년 소련 소베드들로프스크에 있는 생물무기 공장에서 실수로 탄저균이 외부로 유출돼 68명이 사망하는 사건이 발생한 경우도 있었다.

독성화학 작용제에 의한 테러의 대표적 사례는 1995년 '사린(GB)을 이용한 옴진리교의 일본 도쿄 지하철 테러리즘이다. 사린가스는 제2차 세계대전 기간 나치가 대량 살상을 위해 개발한 화학무기로, 수 분 내에 목숨까지 앗아갈 정도로 치명적이다. 이것은 2001년 미국의 탄저균 우편물 테러와 함께 대표적인 화생방 테러리즘의 하나로 인식되어 왔다. 국제법으로 금지된 화학무기 사용이 최근 다시 논란이 된 것은 시리아 내전에서 최대 이슈로 부각됐기 때문이다. 2013년 12월부터 시리아에서는 정부군 거점도338시였던 홈스와 알레포, 수도 다마스쿠스 부근에서 3차례 화학무기 공격이 벌어졌는데, 정부군과 반군은 서로 상대편 짓이라 비난했다.

이처럼 독소 무기는 은밀하고 기습적으로 사용됨으로써 대량 피해와 아울러 공포에 의한 사회적 혼란을 야기한 전형적인 뉴테러리즘의 형태를 보여주고 있다. 사람, 동물, 식물에 유해한 미생물과 독소로 질병을 유발하거나 신경을 마비시키는 가스를 흘려 전투 병력 및 민간인을 살상하거나 무력화시키는 생화학무기는 인류 역사상 가장 잔인한 무기체계이다.

문제는 한국을 대상으로 하는 화학 테러리즘의 발생 가능성이다. 2000년대 들어 그 위험성은 더 높아졌다고 할 수 있다. 현대사회의 발전추세가 지구화되면서 각계각층의 다양한 이익과 욕구가 얽혀 있고, 때와 장소를 달리해 상호 간 충돌현상이 다반사로 일어나고 있음을 볼 때 테러리즘의 주체세력도 다변화되고 있는 것이 하나의 요인이라 할 수 있다.

즉, 외국인의 입국과 한국 내 불법체류, 북한 이탈 주민과 국제결혼의 증가 등으로 국내 자생세력이 활성화될 가능성이 커졌고, 한국의 국제 활동 영역이 확장됨으로써 이와 연관된 국제 테러단체가 한국을 테러리즘의 표적으로 위협하고 있다. 북한 또한 과거와는 달리 다양한 세력을 활용한 대남 테러리즘을 자행할 수 있는 능력이 향상됐다는 점, 국내에서도 독성 화학물질 사용 건수의 증가 대비 관계기관에 의한 해당 물질의 관리 및 감독의 취약점이 내재해 있는 현상 등을 볼 때 향후 한국에 대한 화학 테러리즘의 발생 가능성은 더욱 고조되고 있다고 할 수 있다.

이러한 독소 테러로부터 대응하는 방법의 하나로 제안하고 싶은 것은 9·11이후 미국에서 제정했던 바이오 테러 방지법을 우리나라도 제정해야 한다는 것이다. 음식물 재료에 독극물을 투입하거나 가축 사료에 병균을 주입하고 대중 식량 주방에 병균을 살포하는 행위와 같은 테러 집단이 수백·수천 명을 노리는 '음식물 테러' 가능성은 그 어느 때보다 증대하고 있다. 미국은 2001년 탄저균 가루가 미 의회에 배달된 이후 이 '바이오 테러 방지법'을 제정하였다.

실제 미국에서는 1984년 광신도 단체가 식당에 살모넬라균을 뿌려 750명을 감염시킨 사례도 있었다. 이런 이유로 생물학적 무기를 사용할 가능성이 있는 대상자에 대해 감시를 강화하는 정책을 실시하고 있다. 흉악범, 정신이상자, 취약지역 국가에서 입국한 사람에 대해서는 특정 바이러스나 독소, 미생물 소지를 금지시키고 있고·식품업자도 식품 구매 시에는 구입처와 판매처를 기록해 당국에 제출하는 제도도 만들었다.

독소테러리즘에 대한 대응 필요

문제는 우리나라의 독소테러리즘에 대한 대응상태가 실제적으로 매우 미흡하다는 점이다. 특히, 과거 국내에서 생화학무기를 이용한 테러리즘 사례가 없었을 뿐만 아니라 생화학 테러리즘에 대한 깊이 있는 연구도 부진해 국가재난 수준의 생화학 테러리즘이 발생할 경우 관계기관들의 효율적인 초기 대응이 제한적일 수밖에 없다. 따라서 이에 대한 체계적인 대응방안 마련이 절실하다.

국가안보의 궁극적인 명분은 국민의 자유와 행복

이제 국가안보의 개념은 과거와 달리 인간안보적 측면에서 실천적으로 접근되고 확대돼야 한다. 적의 도발에만 초점을 두는 것이 아닌 국민 개개인의 생명과 안전을 지키는 것을 최우선 순위에 두고 모든 국가적 역량과 책임을 다해야 한다. 특히, 이번 사건이 생화학무기에 관한 법률 보완은 물론 통합대응시스템 구축, 운영절차 개선 방안 검토, 국내외 대응조직 간의 유기적인 협력 체계 구축 등의 조치가 철저히 마련되는 계기가 돼야 한다.

아직까지 우리 사회에서 독소 테러리즘이 발생하지 않았지만 우리는 현재 지금까지 경험하지 못한 미증유의 환란에 직면하고 있다. 따라서 잠재적 위험성이 가장 높은 이와 같은 테러유형을 원천적으로 봉쇄할 수 있도록 현재의 대응태세를 점검하고, 취약점으로 나타나고 있는 법령을 보완해야 하며, 지휘통제 체계를 통합 및 일원화하는 조치가 절실히 요구된다.

즉, 독소 테러리즘 방지에 관한 법률 제정은 물론 통합적 테러 대응 시스템 구축, 국내외를 불문하고 대응조직 간의 유기적인 협력체계 등이 이루어지는 토대가 마련돼야 한다. 지금 우리가 겪는 어려움은 모든 상황이 종료

치명적인 생화학테러, 근본대책 서둘러야

- 진화하는 테러리즘과 바이오 테러 방지법 -

되면 아마도 또 다른 문명의 전환이 될 것이다.

코로나19 감염병... 테러 수단으로 사용 가능

2015년에 발생한 '주한미군 탄저균 배달사고'는 주한미군 공군기지로 잘못 배송된 살아 있는 탄저균에 오산 기지 실험요원 22명이 노출되고, 중동호흡기증후군 바이러스인 메르스에 감염된 국내 환자가 증가하면서 생물학전의 위험성에 대한 관심이 집중되었다. 만약 유사시 테러가 자행한다면 그 공격 유형은 과연 어떤 형태로 나타날 것인가? 단연 많은 전문가들은 생화학무기를 이용한 테러 가능성을 배제할 수 없다고 진단하고 있다.

2019년 발생한 '코로나19' 사태도 마찬가지였지만 탄저병 같은 경우 탄저균이 소나 양 등 동물을 통해 인체에 감염될 수 있어 테러 목적으로 병균을 살포해도 범인을 찾아내기가 쉽지 않다. 비록 사망자가 발생하더라도 테러와는 무관한 별개의 사건으로 간주하기 쉽고 추가 감염자가 발생해야 비로소 세균 살포에 의한 테러 가능성을 인지하게 된다.

1995년 일본의 옴진리교에 의해 자행된 사린가스 살포 사건은 생화학무기에 의한 테러 위협이 현실적으로 등장한 대표적 사건이었다. 도쿄 중심부 지하철에서 발생한 이 사건으로 12명이 사망하고 5500여 명이 부상했다. 이처럼 옴진리교 사건은 테러리스트 단체가 화학무기를 생산할 수 있다는 것을 여실히 보여 줬다. 최근에는 이러한 능력을 갖추지 못한 단체들이라도 화학무기로 무장할 수 있는 방법이 다양하게 진화하고 있다.

실험실에서 작용제를 탈취하거나, 상업적으로 가용한 독소를 획득하거나, 군사적 이용을 위한 무기를 탈취할 수도 있다. 그뿐만 아니라 알카에다나 이슬람국가ISIS 조직처럼 충분한 자금력을 갖춘 경우 암시장이나 테러리즘 지원국으로부터 기성 생화학무기를 구입하는 것도 가능하다.

더구나 생화학무기는 대량 살상 무기이기 때문에 공격 목표물이 무엇이든지 간에 상상을 초월하는 피해를 야기할 수 있다. 그 피해는 좁은 의미에서의 공격 지역에 국한되지 않으며 희생자도 사람에게만 머물지 않고, 주변 지역 자연환경 파괴로까지 이어질 수 있다. 당연히 전시는 물론 평화 시에도 그 실험, 보유에 의한 위험이 따른다. 생화학무기의 존재 자체가 바로 생화학전쟁이다. 따라서 철저한 통제가 필요한 무기인 것이다.

미국의 경우 9·11테러 사건 발생 이후 국가 안보 및 공중보건 전문가들 사이에서는 9·11테러 당시보다 훨씬 많은 희생자를 낼 수도 있는 생화학무기가 보복 테러의 수단으로 이용되지 않을까 하는 우려가 많다. 우려되는 것은 북한의 가공할 생화학전 능력이다. 제조비용이 적은 데다 적은 양으로도 많은 인명을 살상할 수 있어 빈자의 원자폭탄으로 통하는 생화학무기를 북한은 1980년대 이후 비대칭 전력 차원에서 집중 육성해 현재 2500~5000t의 화학무기를 보유하고 있는 것으로 추정된다. 특히 북한이 휴전선 인근에 배치한 장사정포와 방사포의 포탄 중 절반가량이 화학탄이어서 개전 초기 단계에 이로 인한 인명 피해는 상상을 초월할 수 있다. 더욱이 북한은 화학무기금지협약CWC에 가입하지 않아 국제사회의 통제가 이뤄지지 않고 있는 실정이다.

북한이 보유하고 있는 핵과 미사일보다 오히려 생화학무기가 더 위협적이라고 할 수 있다. 기습공격할 경우 핵이나 미사일보다 생화학무기를 먼저 꺼내들어 전쟁의 주도권을 확보할 것이라는 관측도 제기된다. 그러나 대비책은 미흡하다. 해당 물질 관리·감독의 취약점도 내재돼 있다. 미국은 2001년 탄저균가루가 미 의회에 배달된 이후 바이오테러 방지법을 제정했다.

생물학적 무기를 사용할 가능성이 있는 대상자에 대해 감시를 강화하는 정책도 실시하고 있다. 흉악범, 정신이상자, 취약 지역 국가에서 입국한 사람에 대해서는 특정 바이러스나 독소, 미생물 소지를 금지하고 있고, 식품

업자도 식품 구입 시에는 구입처와 판매처를 기록해 당국에 제출하는 제도도 만들었다. 미국에서 제정한 바이오테러 방지법을 우리나라도 제정해야 한다.

아직 생화학 테러가 발생하지 않았지만 잠재적 위험성이 가장 높기 때문에 원천적으로 봉쇄할 수 있도록 현재의 대응태세를 점검하고, 취약점으로 나타나고 있는 법령의 보완, 지휘통제 체계의 통합 및 일원화 등 조치가 절실히 필요하다.

코로나19 사건의 또 다른 본질

미군 '탄저균 배달사고' 논란

세균무기의 위험성에 대한 인식은 전 세계가 동일하다. 2020년은 코로나19 팬데믹으로 지구촌이 생물무기의 위험성이 대두된 해가 되었다. 그러나 이보다 먼저 2015년에도 미군의 생물무기 '탄저균'이 한반도에 몰래 들어왔다가 이목을 집중시켰던 사건이 일어났었다. 사실 생화학무기는 빈자의 핵무기라 부르지만, 미국과 러시아 등 강대국이 더 많이 보유하고 있다. 그러나 당시에도 미군 측의 통보가 있기 전까지 까맣게 몰랐던 것처럼, 생화학무기가 사용되더라도 사전에 이를 찾아내고 감시한다는 것은 쉽지 않기 때문에 국가와 국민이 경각심을 가져야 할 심각한 안보적 사항이다.

그래서 당시의 탄저균 사건도 단순히 잘못된 배송사고 또는 생물무기금지협약BWC 위반 사례로만 봐선 곤란하다고 생각한다. 반입된 탄저균 샘플이 독성과 감염력을 잃은 불활화不活化된 세균이 아닌, 살아 있는 탄저균으로 세균 관리시스템의 부실이라는 점과 그동안 주둔국에 사전 통보하지 않았다는 점은 철저한 조사가 이루어져 함은 두말할 필요도 없다. 그러나 탄저균 사건의 또 다른 본질은 전쟁과 테러의 수단으로 가장 유력하게 사용될 생화학무기에 지금까지 우리는 어떻게 대비하고 있었느냐 하는 점이다.

일명 '주피터 프로젝트'라는 이름의 이 같은 실험 목적이 유사시를 대비한 백신 개발인 것인지, 아니면 공격용 세균 연구인 것인지와는 별개로 세균전이 감행되는 경우 감염자를 치료하는 항생제와 백신을 어느 정도 보유하고 있는지도 걱정된다. 조기에 감지하고 대응하는 시스템을 갖추는 것도 우리의 생존과 관련 있는 중요한 사항이다. 따라서 2015년에 발생한 탄저균 사태는 누출 우려 문제뿐만 아니라 최소한 생화학무기 공격에 대한 독자적 대응 역량과 국가안보라는 큰 맥락에서도 동시에 살펴보아야 한다는 것이다.

더욱더 큰 문제는 우리 정부가 주한미군의 탄저균 반입, 실험 사실을 오랫동안 파악하지 못하고 있었다는 사실이다. 이미 양국은 2011년부터 북한의 생물무기 위협에 대응하기 위해 한·미 연합생물방어 연습을 매년 진행하였다. 또한 2015년 완료를 목표로 한·미 공동생물무기감시포털BSP을 구축하고 있었다. 탄저·두창·페스트 등 10여가지의 위협적인 생물학 작용제가 사용되는 것을 사전에 감시·탐지·대비·대응하기 위한 한·미 공조체계다. 생화학무기 사용 징후에 대한 선제 타격에 합의하고 있기도 하다. 그래서 몰랐다는 주장은 이해하기 힘들었다.

미국에서도 2001년 9·11테러 직후 탄저균 사태가 발생하였다. 이것은 테러리스트들에게 더 이상 도덕적 한계는 없다는 것을 보여준 대표적 사례였다. 더구나 전쟁의 최종 목표 역시 적의 궤멸이므로 상대방에게 최대의 타격을 입히기 위해서 적은 비용으로 어마어마한 인명 손실을 가져올 수 있는 생화학무기를 사용할 가능성은 불을 보듯 뻔한 일이기 때문에, 대부분의 전문가들은 전쟁 초기 및 향후 테러에 생화학물질이 사용될 것이라고 이미 우려한 바 있다.

국내에서 발생 가능한 생화학 테러 상황을 가상해서 설정해 보자. 아침 출근시간대 서울 중심가의 지하철역 몇 곳을 대상으로 동시다발적으로 3~5명의 범인들이 지하철 선반 위에 생화학물질을 담은 가방을 놓아두고, 다음 역에서 하차하여 종적을 감추는 상상이다. 사전에 발견된다면 천만다행이지만, 만약 정해진 시간에 누출되도록 작동된다면 출근하는 시민들은 아무 영문도 모른 채 희생자가 될 것이다. 혼란과 공포, 대량 사상자 발생 등 한마디로 아비규환의 모습일 것이다. 그 뒤에 따르는 국론분열과 정부에 대한 불신, 혼란은 국가의 존망과도 연결될 수 있는 심각한 상황을 발생시킬 것이다.

이제 국가안보의 개념은 과거와 달리 인간안보적 측면에서 실천적으로 보다 접근되고 확대되어야 한다. 즉 적의 도발에만 초점을 두는 것이 아닌 국민 개개인의 생명과 안전을 지키는 것을 최우선 순위에 두고 모든 국가적 역량과 책임을 다해야 한다.

2019년에 발생한 코로나19 사태와 지난 메르스 사태와 탄저균 배달사고는 국민안전과 국가 안보라는 두 가지 측면에서 국민을 크게 공포를 갖게 하는 사건이었다. 정부 정책, 보건 의료 대응 측면에서는 세계적 평가도 있었지만 여전히 보안해야 할 점이 많다는 것도 지적되었다. 일반적으로 바이러스를 생물무기로 만드는 과정은 쉽지 않지만, 현재 생화학무기를 보유한 국가가 만약 '코로나19' 유전자를 조작한 생물무기를 만든다면 그 위험성은 말로 설명할 수 없을 정도로 클 것이다. 뒷수습도 중요하지만 이번 코로나19 사건이 생화학무기에 관한 법률 제정은 물론 통합적 대응시스템 구축, 국내외 대응조직 간의 유기적인 협력 체계 구축, 백신 확보 등의 조치가 철저히 마련되는 계기가 되어야 한다.

포스트 ISIS시대 미국의 대테러전략

포스트 ISIS 시대···시리아 주도권 싼 '동서대립' 우려

美 1960년대부터 주 공격대상
2001년 9·11테러 발생 계기
대테러전을 본격적으로 수행

트럼프 행정부, 반이민정책 등
자국우선 '미국적 가치' 강화

美·러시아·이란 직접 충돌 가능성
한반도 정세와 밀접 예의주시 필요

트럼프 행정부의 반이민 행정명령 대상 국가들. 필자 제공

2001년 9·11테러 후 20여년이 지났지만 '테러와의 전쟁'에서 미국은 아직도 결정적인 승리를 거두지도 못하고, 발을 빼지도 못하는 상황이다. 어쩌면 미국의 현대사는 9·11테러의 이전과 이후로 구분된다고 해도 지나친 말이 아닐 것이다.

그 정도로 9·11테러는 미국사회에 큰 충격을 주었다. 테러와의 전쟁을 명분으로 인권과 민주주의의 가치를 일부 훼손하기도 했고, 모슬렘에 대한 증오범죄가 잇따르기도 했다. 종교적 신념의 차이를 존중해야 하는데, 종교의 이름으로 폭력을 행사하는 문제가 지속되고 있는 것이다.

최근 미국 노스플로리다 대학 '파르베즈 아마드' 교수 분석에 따르면

2001년 테러와의 전쟁이 시작된 후 2016년까지 무려 4조3000억 달러라는 천문학적인 예산이 소모됐으며 미군 6800명이 사망하고, 97만 명의 부상병이 생겨났다. 또한 중동에서는 민간인 22만 명이 사망하고 무려 630만 명의 난민이 고통 속에 허덕이고 있다.

미국은 1960년대 이후부터 테러리스트들의 주된 공격대상이 돼 왔다. 1970년대 닉슨 행정부는 테러의 심각성을 인지하기 시작했으며 그 뒤를 이은 포드, 카터 행정부는 테러에 대처하기 위한 조치를 본격적으로 모색하기 시작했다. 레이건 행정부 들어서는 소련, 리비아 등이 국제 테러리스트들을 대상으로 훈련을 지원한 사실이 밝혀진 뒤 테러 대처에 더욱 적극성을 갖게 됐다.

이후 2001년 9·11테러 발생을 계기로 조지 W. 부시 대통령은 대테러전을 본격적으로 수행했으며, 클린턴과 오바마 행정부 역시 테러에 대한 강경노선을 굳건히 해왔다. 특히 트럼프 행정부는 임기 초반 시리아 공군기지를 미사일로 폭격하고 아프가니스탄의 ISIS 근거지에 '모든 폭탄의 어머니'MOAB, Mother Of All Bombs로 불리는 공중폭발대형폭탄GBU-43을 투하했다. 또한 그는 취임 즉시 대표 정책으로 반反이민 행정명령을 발효하기도 했다.

반이민 행정명령은 테러 원인을 '급진 이슬람 세력'으로 못 박고 모슬렘 입국 전면금지, 테러 관련 국가 출신자의 입국심사 강화, 시리아 난민 수용 거부 등을 중점으로 이란, 시리아, 리비아, 예멘, 소말리아, 수단 등 이슬람

미국의 대표적 대테러 작전부대 '네이비실'. 필자 제공

권 6개국 출신 국적자의 미국 입국 기준을 강화(미국 내 개인 또는 단체와 '진실한 관계'를 맺고 있음을 진술해야 하고, 이 진술에 신빙성이 인정된 경우에 한해 비자 발급 가능)하는 내용이 포함돼 있다.

이 조치에 의한 이민자 사상검증이 역으로 미국 최우선가치인 표현의 자유를 위반하고, ISIS에 경도된 이슬람 급진주의자들은 이민자에 의해 양성되는 것이 아니라 ISIS의 온라인 선전물을 통해 형성된다는 지속적인 비판에도 불구하고, 트럼프가 제시한 자국우선의 '미국적 가치'는 더욱 강화되고 있는 실정이다.

최근에는 미국과 북한의 갈등이 고조되는 가운데 미국이 북한인의 입국을 전면 금지했다. 이는 기존 반이민 행정명령 대상국에 북한과 베네수엘라, 차드 등 세 나라를 추가한 것이다. 트럼프 정부의 대테러 정책 역시 미국이 지금까지 견지해온 '절대적 불양보 원칙'을 견지하는 강력한 정책이라 할 수 있다.

9·11테러 이후 미국이 주도해온 테러와의 전쟁은 알카에다 조직 해체와 오사마 빈라덴 등 지도부 제거에 집중됐고, '이슬람 극단주의 테러리즘'이라는 테러집단의 변형을 통해 탄생한 ISIS 제거에 힘을 쏟았다.

그러나 지금까지 노력의 결실로 ISIS가 곧 붕괴되더라도 지구에 평화가 올 수 있을지는 여전히 의문이다.

전문가들은 ISIS 격퇴 이후 시리아 지역에서 미국과 이란·러시아의 주도권 싸움이 펼쳐질 것으로 전망하고 있다. ISIS가 사라진 시리아 영토 내에서 주도권을 잡기 위해, 냉전 이후 잠잠했던 '동서대립' 구도가 다시 고조되고, '자칫 양측의 잦은 충돌이 미국과 러시아·이란의 직접 충돌로 이어져 거대한 전쟁의 불씨가 될 수 있다'는 우려가 제기되고 있다. 오히려 '포스트 ISIS'시대가 지구촌에 더 큰 위기를 부를 수 있다는 불안감이 증가하고 있는 것이다.

그래서 우리가 살펴야 하는 사항은 '포스트 ISIS'시대에 미국의 전략적 변화다. 중동의 상황변화는 그동안 테러와의 전쟁에 투입된 자원을 조정하고, 장기적으로 중국의 부상이 초래할 아시아 지역의 지정학적 불안정성을 관리하려는 미국의 '아시아 재균형Asia Rebalancing'전략에 일정 부분 영향을 미칠 수 있다는 게 일반적 견해다.

이는 한반도 정세와도 밀접한 상관성이 있으며, 우리의 안보에도 영향을 주는 중요한 사항이다. 따라서 포스트 ISIS 정세 및 이에 대한 미국의 대테러전략을 전망하고 예의주시할 필요가 있다.

우리는 이러한 국제 정세의 근본적인 변화에 주목해 냉철하게 국익을 판단하고 북한 핵문제, 한미동맹 등 주요 안보 현안들을 슬기롭게 해결해야 할 것이다.

index TERRORISM

ㄱ

ㄴ

ㄷ

ㄹ

ㅁ

ㅂ

ㅅ

ㅇ

ㅈ

ㅊ

ㅋ

ㅌ

ㅍ

ㅎ